Philippe Wampfler

Facebook, Blogs und Wikis in der Schule

Ein Social-Media-Leitfaden

Mit 9 Abbildungen

Vandenhoeck & Ruprecht

Der Autor freut sich über Kritik, Fragen, Anregungen oder Kommentare.
Kontakt: Philipppe Wampfler, Ahornstr. 27, CH-8051 Zürich
E-Mail: wampfler@schulesocialmedia.com
Internet: http://philippe-wampfler.ch

Bibliografische Information der Deutschen Nationalbibliothek

Die Deutsche Nationalbibliothek verzeichnet diese Publikation in der
Deutschen Nationalbibliografie; detaillierte bibliografische Daten sind
im Internet über http://dnb.d-nb.de abrufbar.

ISBN 978-3-525-70165-2
ISBN 978-3-647-70165-3 (E-Book)

Umschlagabbildung: NZZ / Christoph Ruckstuhl

© 2013, Vandenhoeck & Ruprecht GmbH & Co. KG, Göttingen /
Vandenhoeck & Ruprecht LLC, Bristol, CT, U.S.A.
www.v-r.de
Satz: SchwabScantechnik, Göttingen
Druck und Bindung: ⊕ Hubert & Co., Göttingen

Gedruckt auf alterungsbeständigem Papier.

Inhalt

Die sozialen Medien sind eine Vorschule der sozialen Zukunft. Doch um zu verstehen, was das bedeutet, reicht es nicht aus, sie einfach nur »anzuschauen«. Dann sieht man nichts. Man muss sich ihnen unkonventionell nähern. Es bedarf eines unbequemen, nonkonformistischen Blicks durch die Erscheinungen hindurch, der das Poetische, »Erschaffende« der sozialen Medien identifiziert und aufzeichnet.
Alexander Pschera (2011, S. 21)

1. Einleitung

Jede Veränderung bedroht Bewährtes. Jede Veränderung birgt aber auch ein Potenzial. Diese Erfahrung ist Lehrpersonen vertraut: Mit ihrem Unterricht nehmen sie auf Kinder und Jugendliche Einfluss, im Vertrauen darauf, Stärken zur Entfaltung bringen zu können. Sie tun dies im Wissen, dass sich junge Menschen entwickeln, dass es also unabhängig von ihrem Einfluss zu einer Veränderung kommt.

Ähnlich verhält es sich mit den Formen und Mitteln der menschlichen Kommunikation. Auch sie werden beeinflusst, auch sie durchlaufen ständig Veränderungen. Menschen haben gelernt zu schreiben, das Geschriebene stumm zu lesen, es mit Maschinen zu drucken und fast jedem Menschen die Möglichkeit zu geben, Botschaften zu verfassen, die alle anderen lesen können. Dieser Medienwandel hat bewährte Umgangsformen, soziale Strukturen und Vorstellungen über das Wesen des Menschen bedroht, gleichzeitig aber auch neue Möglichkeiten eröffnet.

Das gilt auch für digitale Medien, die eine rasante Entwicklung aller kommunikativen Schnittstellen mit sich bringen. Für Schule und andere Bildungsprozesse stellt sich so die Frage, ob sie sich dieser Entwicklung entziehen oder entziehen können, um Räume und Zeiträume zu schaffen, in denen die parallel laufenden digitalen Gespräche verstummen und Konzentration möglich wird, oder ob sie die Veränderung als Potenzial verstehen, Lehren und Lernen zu verbessern, mehr auf die Bedürfnisse der Lehrenden und Lernenden abzustimmen und intensiver werden zu lassen.

Im vorliegenden Buch wird der zweite Ansatz gewählt. Es folgt der Aufforderung des Kulturwissenschaftlers Stephan Porombka, der seine Einführung zu kreativen Schreibprozessen in digitalen Medien mit folgendem Aufruf abschließt:

Mit dem Experimentieren beginnen! Hands on! Auch auf die Gefahr hin, dass man alles Bekannte über den Haufen werfen muss und dabei in Zustände gerät, in denen die alten Orientierungsmuster für Kunst und Leben abhandenkommen, ohne gleich durch neue ersetzt zu werden. Auch das kann man lernen […]: dass sich das Auflösen der bekannten Zusammenhänge für produktive Schübe nutzen lässt. […] Es geht um die Frage, wie man das, was als Nächstes kommt, gestalten kann. (Porombka, 2012, S. 13)

Keine Angst: Im Folgenden geht es weniger darum, Orientierungsmuster aufzulösen, als vielmehr darum, Orientierung zu ermöglichen. Leserinnen und Leser werden eingeladen, die Vorteile der Veränderung wahrzunehmen, die hier Social Media heißt. Daraus entsteht dann die Möglichkeit des produktiven Umgangs, der die Veränderung aktiv mitgestaltet, anstatt sie später möglicherweise passiv und unfreiwillig nachzuvollziehen.

Social Media sind erfolgreich, weil sie viele bewährte Vorstellungen guter Kommunikation aufgenommen haben. Deshalb können Lern- und Lehrvorgänge durch den Einsatz digitaler Kommunikation ergänzt und verbessert werden. Dieses Buch kann man sich als Brille vorstellen: Es schärft den Blick auf die Vorteile von Social Media wahrzunehmen, hilft aber auch dabei mögliche Gefahren zu erkennen. Mit einem klaren Bild vor Augen sind Lehrpersonen und Schulleitungen in der Lage, den Medienwandel produktiv und in ihrem Sinne zu gestalten. Dazu enthält der Anhang wie auch das digitale Begleitmaterial hilfreiche Materialien.

Social Media als Staubsauger

Die Prognose ist nicht weit hergeholt: Social Media werden einmal so aufregend sein wie Staubsauger. Beides sind erstaunliche Innovationen, die alltägliche Arbeitsabläufe verändern und neue Rollenbilder zulassen. Was zunächst als Apparat oder reine Technik wahrgenommen wird, führt nach einer Gewöhnungsphase zu einem weit verbreiteten Umgang mit neuen Praktiken.

Im Moment erleben wir die Gewöhnung an Social Media. Jugendliche bewegen sich wie selbstverständlich in sozialen Netzwerken, setzen sich dadurch aber auch immer wieder Risiken aus, die vermeidbar wären. Erwachsene zögern häufig lange, diese neuen Kommunikationsmittel ohne Hemmungen zu nutzen, und stehen oft vor hohen Schwellen, wenn sie es tun. Sie haben aber heute, vor allem, wenn sie beruflich mit Kommunikation zu tun haben, kaum mehr eine Wahl. Verweigerung ist eine verbreitete Position, sie lässt sich aber immer schlechter begründen. Soziale Netzwerke werden in unserem Alltag unentbehrlich werden, ein Ausschluss digitaler Formen von Kommunikation ist langfristig nicht denkbar.

Damit ist auch die Schule direkt von diesem Gewöhnungsprozess betroffen. Sie steht vor einer Herausforderung: Welche Vorgaben soll sie den Schülerinnen und Schülern in Bezug auf neue Medien machen? Muss sie Kompetenzen vermitteln, die auf dem Arbeitsmarkt oder für eine weitere Ausbildung wichtig sind, oder soll sie davon absehen und einen Schonraum bilden, in dem konzentriertes Lernen ohne die ständige Ablenkung durch neue Mitteilungen möglich ist?

Und wie sollen Lehrpersonen Social Media einsetzen? Dürfen sie öffentlich ihre Meinung kundtun oder müssen sie versuchen, diese und damit auch den Gebrauch sozialer Medien möglichst privat zu halten und aus ihrer beruflichen Aufgabe auszuklammern? Kann es einen produktiven Umgang mit Social Media im Unterricht geben?

Daran schließt die Frage an, wie sich Öffentlichkeitsarbeit von Schulen durch Social Media verändert. Wie gelingt es Schulleitungen, ihre Arbeit und die ihrer Lehrpersonen zu vermitteln, wenn der Schulalltag nahezu in *real time* mit Fotos, Videos und Texten in sozialen Netzwerken abgebildet wird?

Diesen Fragen widmen sich die folgenden Kapitel auf zwei Arten: Zentrale Gedanken werden im Sinne einer Einführung in eine kritischen Theorie der Sozialen Netzwerke zusammengefasst und mit Beispielen unterlegt. Beide Perspektiven, die der Chance und die der Gefahr von Social Media, erhalten dabei Raum.

Die Beschreibungen und Analysen der Medienrealität resultieren in Rezepten und Materialien, aus denen sich Vorgehensweisen und Richtlinien ableiten und erstellen lassen. Beispiele dafür finden sich im Anhang.

Die digitale Revolution

Vielleicht ist dieses Buch für Sie ein Buch im wörtlichen Sinne: Sie halten es in den Händen und blättern in seinen Seiten. Vielleicht halten Sie aber auch ein digitales Lesegerät in den Händen, das Ihnen per Animation die Illusion bietet, in einem Buch zu blättern, obwohl es nur Daten sind, die dargestellt werden. Möglich wäre aber auch, dass Sie einfach im Internet auf einen Link geklickt haben und nun diese Zeilen lesen.

Besitzen Sie das Buch als physisches Objekt, so können Sie zwar mit anderen Menschen darüber sprechen, es verleihen, verschenken oder verkaufen. Lesen Sie es in digitaler Form, so können Sie zudem anderen Menschen Hinweise darauf schicken, sie Auszüge oder das ganze Buch lesen lassen, ohne es selbst weggeben zu müssen. Sie können Passagen markieren, kommentieren, könnten es mit anderen Büchern kombinieren oder auch nur deutlich schneller Zitate daraus in eigene Arbeiten einbauen.

Diese grundlegenden Überlegungen zeigen zunächst einmal, wie die Digitalisierung unseres Wissens zu einer Realität geworden ist. »Was wir über unsere Gesellschaft, ja über die Welt, in der wir leben, wissen, wissen wir durch die Massenmedien«, schreibt Niklas Luhmann (1996, S. 9) zu Beginn seiner Untersuchung über die Massenmedien. Dieser Satz ist heute auch für das Massenmedium Internet gültig. Was an Wissen entsteht oder verarbeitet wird, befindet sich als Datensatz im Cyberspace. Jedes Buch ist heute zuerst ein digitaler Datensatz auf einem Speichermedium seiner Autorin oder seines Autors. Wird das Buch dann nur auf Papier gedruckt, gehen viele Möglichkeiten verloren, wie Wissen genutzt und verbreitet werden kann (schon allein deshalb, weil es nur mühsam kopiert oder weitergegeben werden kann). Aus informationsethischer Perspektive kann man es deshalb für verwerflich halten, Bücher nur in Papierform in Umlauf zu bringen.

Und damit wären wir bei der zweiten Folgerung aus den oben skizzierten Zusammenhängen: Informationen werden »sozial« verbreitet. Das heißt zunächst, dass es bei deren Weitergabe kaum mehr Hierarchien gibt. Nur in Ausnahmefällen lässt sich festlegen, wer zu welchen Informationen Zugang hat. Alle Interessierten können sich direkt und – wenn die technischen Grundvoraussetzungen gegeben sind – ohne großen Aufwand austauschen.

Diese beiden Feststellungen, die Digitalisierung des Wissens und seine soziale Verbreitung, kann man ganz nüchtern betrachten: So ist es. Man kann sich darüber aber auch freuen: Das Internet hilft dem Wissen, freier zu zirkulieren, es befähigt Menschen, sich Informationen zu beschaffen, die ihnen helfen, ihr Leben ihren Vorstellungen gemäß zu gestalten. Gleichzeitig bietet sich aber auch eine negative Interpretation der digitale Revolution an: Wenn das Wissen ungezähmt im Fluss ist, fehlt es an Strukturen, es mangelt an Orientierung. Wer kann denn noch entscheiden, welche Informationen bedeutend sind? Und wenn niemand mehr bestimmen kann, was mit Informationen geschieht und wie sie verbreitet werden, dann gilt das auch für private Informationen, die im Internet freigesetzt werden können.

Wenn der Autor eines Buches nicht sicher sein kann, dass alle Menschen, die es lesen und nutzen wollen, eine physische Kopie besitzen müssen, so kann er nicht kontrollieren, auf welchen Wegen es sich verbreitet. Das ist eine Chance und eine Gefahr: Eine Chance, dass Menschen, mit denen der Autor nicht gerechnet hätte, das Buch lesen und seine Informationen verbreiten – und eine Gefahr, dass der Autor keine Anerkennung für seine eigene Leistung erhält, weil die Texte eine von ihm unabhängige Existenz erhalten.

Ausgangslage des Leitfadens

Diese beiden Perspektiven, die der Chance und die der Gefahr, werden auf den Einsatz von digitaler Kommunikation in der Schule angewandt. Es wird aufgezeigt, wie die Schule und ihre Akteure (Lehrpersonen, Schulleitungen und an Bildungspolitik Beteiligte) mit Social Media Bildungsformen gestalten können, die zeitgemäß sind – also solche, die mit dem Zirkulieren von digitalisiertem Wissen umgehen können. Mitbedacht wird aber auch, dass Social Media die Gefahr einer permanenten und umfassenden Störung der Unterrichtstätigkeit mit sich bringen. Sie lenken die Aufmerksamkeit stets auf das Neue, das Blinkende, das Markierte, und verleiten so zum Surfen, dem Überfliegen von Inhalten – aber nicht unbedingt zur Konzentration und Vertiefung. Sie verändern auch unser Zusammenleben und gefährden für erfolgreiche Bildung wichtige Beziehungen wie die zwischen Lehrperson und Schülerin oder Schüler.

Schule und Social Media sind Begriffe, die hier im möglichst weiten Sinne zu verstehen sind: So können auch der Einsatz von Twitter im Kindergarten oder die Unterrichtsmethoden von Universitäten zum Thema werden. Weiter kann auch die Frage diskutiert werden, mit welchen Werkzeugen man heute am besten einen Text verfasst – weil das Verfassen von Texten immer auch an das Überarbeiten und Lesen von Texten gekoppelt ist, handelt es sich dabei auch um ein »soziales« Medium, bei dem sich andere beteiligen können.[1] Im Folgenden geht es aber vor allem um den Einsatz von digitalen Arbeitsmitteln, bei denen Inhalte über Netzwerke von Profilen verbreitet werden – das ist mit Social Media gemeint –, im Unterricht mit Schülerinnen und Schülern, die soziale Netzwerke auch privat nutzen.

Das Buch ist in vier Hauptkapitel mit Unterkapiteln gegliedert, die von Zwischentexten unterbrochen werden. Alle diese Texte sollen einzeln lesbar sein – sie sind durch die Form Buch gerahmt, weil sie Perspektiven versammeln, die ein Verständnis von Lehren und Lernen mit digitaler Kommunikation ermöglichen.

Die Texte sind praxisbezogen und enthalten Beispiele – aber sie sind keine Anleitungen, sondern Denkanstöße und Überlegungen. Man darf hier keine Checklisten erwarten, die man abhaken kann, um als Social Media-Expertin oder -Experte den beruflichen Alltag zu gestalten. Konkrete Arbeitsmaterialien und Vorschläge für Leitlinien finden sich sowohl im Anhang wie auch im digital bereitgestellten Begleitmaterial.

---

1   Ich haben diesen Text mit Google Docs verfasst und gebe so meinen Bezugspersonen (Expertinnen, Experten, Interessierte, Verantwortliche im Verlag und im Korrektorat) die Möglichkeit, ihn zu kommentieren und zu bearbeiten, während ich ihn schreibe.

Jeder Teil befähigt Interessierte, relevante Entscheidungen praxisbezogen zu fällen. Es geht in den Worten von Frank Schirrmacher (2012) um den Anfang einer »digitalen Alphabetisierung«, die Ermunterung, sich das nötige Wissen und die relevanten Kompetenzen anzueignen, um den Medienwandel mitgestalten zu können:

Am Anfang steht eine Darstellung des Wesens von Social Media. Sie soll ein Verständnis der grundlegenden Eigenschaften und Möglichkeiten vermitteln, ohne technische Details zu erklären: Die Leserin oder der Leser werden nicht darin geschult, wie Facebook zu bedienen ist, sondern lernen im besten Fall, welche Bedeutung Facebook hat.

Im zweiten Teil geht es um die Veränderungen, die Social Media im Leben der Jugendlichen bewirken: Sie kommunizieren anders als vor zehn Jahren, bilden andere Gemeinschaften, lernen anders und organisieren ihr Leben anders. Darüber muss man Bescheid wissen, wenn man sich beruflich mit Jugendlichen beschäftigt.

Der dritte Abschnitt widmet sich Lehrpersonen und zeigt, wie sie Social Media für ihr Wissensmanagement, ihren Berufsalltag und ihre Kommunikationsbedürfnisse nutzen können. Den Möglichkeiten werden dabei immer auch die Gefahren gegenübergestellt, die sich durch einen unreflektierten Einsatz von Instrumenten ergeben.

Im letzten Teil geht es um die Schule als Organisationseinheit. Wie kann sie sich über Social Media profilieren, wie kann sie als Organisation vom Einsatz von Social Media profitieren – oder ihre Identität und ihre Werte dadurch auch gefährden? Damit hängt die Frage zusammen, was die Schule der Zukunft auszeichnet und welche Möglichkeiten für Bildung im Kontext von digitalisiertem und einfach zugänglichem Wissen überhaupt noch bestehen.

Chance und Gefahr als Paradox – oder:
Der unwissende Lehrmeister

In seinem Essay »Der unwissende Lehrmeister« hat Jacques Rancière (1987/2007, S. 14 ff.) darauf hingewiesen, dass es keine wirklich Unwissenden gibt. Die Distanz zwischen einer Lehrperson, die weiß, und einer Schülerin oder einem Schüler, die nicht wissen, ist eine künstliche, von der Lehrperson geschaffene: »Der Erklärende braucht den Unfähigen, nicht umgekehrt.« Rancière schlägt vor, sich das bewusst zu machen und als »unwissender Lehrmeister« zu agieren. Schülerinnen und Schüler sollen sich direkt Sachverhalten aussetzen, die man nicht erklärt, sondern zu denen man ihnen drei Fragen stellt: »Was siehst du?«, »Was denkst du darüber?« und »Was machst du damit?«

In Bezug auf Social Media gibt es viele Lehrpersonen, die unwissende Lehrmeister sind: Es gibt keine Wissensdistanz zwischen ihnen und ihren Schülerinnen und Schülern, da sie im besten Fall *Digital Immigrants* sind, also Einwanderer in digitale Gefilde, während ihre Schülerinnen und Schüler *Digital Natives* sind, Eingeborene, die schon seit ihrer Geburt in einer digitalen Welt leben und ihre Werkzeuge wie selbstverständlich handhaben.

Das scheinbare Defizit der Lehrpersonen – sie wissen nicht Bescheid über Social Media und können aus dieser Position nichts erklären – wäre für Rancière eine Chance: Die Unwissenheit ermöglicht, die Schülerinnen und Schüler mit echten Fragen zu konfrontieren: »Was machst du damit?«, »Was denkst zu darüber?« So wird ein Lernprozess in Gang gesetzt, der auch die Lehrperson einbezieht. Aus einer Gefahr, nämlich als Lehrperson mangelnde Kompetenzen aufzuweisen, wird eine didaktische Chance. Die Lehrperson ist aber keine weitere Schülerin oder ein Schüler, sondern begleitet diese. Deutlich wird dies im Ergebnisbericht der JAMES-Studie (Jugendliche Aktivitäten Medien – Erhebung Schweiz) von 2010:

> Des Weiteren ist zu betonen, dass dieses Wissen, das sich die Digital Natives schon in ihren frühen Lebensjahren aneignen, weiterhin gefördert werden soll. Unterstützt vom Allgemeinwissen ihrer erwachsenen Bezugspersonen, die ihnen die gesellschaftlichen, gesundheitlichen und moralischen Aspekte des Medienhandelns aufzeigen können und ihnen auch einen produktiven Umgang, selbstverantwortliches Handeln und die nötige Abgrenzung vorleben sollten. (Süss, Waller und Willemse, 2010, S. 51)

+ Gefahren

Die *Digital Natives* haben ein konkretes Fachwissen, ihre erwachsenen Bezugspersonen helfen ihnen mit ihrer Fähigkeit zur Orientierung und Kontextualisierung, dieses Fachwissen in bestimmten Kontexten zu reflektieren und zu erweitern.

Geht man von dieser Aufgabe der Lehrperson und diesem Verhältnis zu den Lernenden aus, rückt der medienpädagogische Fokus weg von Prävention und Abgrenzung, die einer gezielten Förderung von Medienkompetenzen häufig im Weg stehen. Sieht man Social Media und digitale Werkzeuge als eine potenzielle Gefahr, der man eher warnend begegnen müsste, dann fällt es schwer, sie im Unterricht produktiv einzusetzen, ohne verwirrende Botschaften auszusenden.

+ − Effekt

Es hilft, sich von Social Media als Begriff zu lösen und stattdessen von Tätigkeiten zu sprechen, die damit ausgeübt werden. In diesem Buch wird oft versucht, diese Tätigkeiten in den Mittelpunkt zu rücken. Jemand will beispielsweise eine Botschaft überbringen, Informationen suchen, Gedanken darstellen. Dafür kann man verschiedene Methoden verwenden – Social Media ist eine davon. Eine

Botschaft zu übermitteln ist zunächst weder gefährlich noch besonders revolutionär: Beides hängt von der Art ab, wie das getan wird und welchen Inhalt die Botschaft hat. Werden Botschaften an die falschen Adressaten gesandt oder sind sie Botschaften wirr, so kann das gefährlich sein. Gelingt es, präzise Informationen fast aufwandslos den richtigen Personen zukommen zu lassen, wäre das erstrebenswert und somit eine Chance. *bzw. ein Ideal*

Dieses Buch ist nicht fertig

Die Idee zu diesem Buch ist beim Führen eines Blogs entstanden. In der Vorbereitung zu einer Weiterbildung und zu Weiterbildungsveranstaltungen habe ich begonnen, Gedanken und innovative Beispiele aus dem Bereich Schule und Social Media auf schulesocialmedia.com zu sammeln. Pro Monat entstanden so rund 20 Beiträge – die schnell wieder verschwanden, zugedeckt wurden von aktuelleren. Das Buch erweitert, verbindet und systematisiert diese Beiträge.

Ich werde aber nicht aufhören, diesen Blog zu führen. Das hat drei Gründe:

1. Der Blog dient meinem persönlichen Wissensmanagement (siehe Kapitel 3). Die Einträge dokumentieren meine Auseinandersetzungen mit bestimmten Themen, die ich so wieder abrufen und zusammen mit den Links weiterverarbeiten und weiterdenken kann.

2. Der Blog ermöglicht die Bearbeitung von Fragestellungen, die sehr dynamisch sind. Die Möglichkeiten von Social Media und die damit verbundenen Kommunikationspraktiken verändern sich laufend und auf nicht vorhersehbare Art und Weise. Parallel dazu kann die Auseinandersetzung damit nicht stehen bleiben, sondern muss als Prozess erfolgen.

3. Blogs sind ein dialogisches Medium. Sie sind eingebunden in meine Online-Präsenz und ermöglichen so den Leserinnen und Lesern, mit Kommentaren an verschiedenen Orten auf Einträge zu reagieren, mich auf Fragestellungen und Beispiele hinzuweisen, mit mir eine Diskussion zu führen.

Das Buch hätte ohne den Dialog mit den Leserinnen und Lesern meines Blogs, interessierten Jugendlichen, meinen Kolleginnen und Kollegen und meiner Familie nicht entstehen können.

Wie einen Blog möchte ich auch dieses Buch führen: Es überarbeiten, weiterführen, mit den Leserinnen und Lesern in einen Dialog treten und meine Lektüre und gedankliche Auseinandersetzung mit seinen Themen darin dokumentieren. In diesem Sinne lade ich Sie ein, auf das Buch zu reagieren: Mit Kritik, Fragen, Anregungen, Kommentaren. Meine Kontaktangaben finden Sie vorn im Buch auf Seite 4.

Intermezzo I:
Wie man *Social Media* lernt

Menschliche Kommunikation wird durch komplizierte Regeln und Normen gesteuert. Sie fallen uns im Alltag kaum auf, weil wir sie als Kinder erlernt haben. Beim Besuch in einer anderen Kultur erscheinen sie urplötzlich. Es befremdet uns, dass man sich in den USA am Telefon mit einem »Hello« meldet und erwartet, an der Stimme erkannt zu werden; wir staunen darüber, dass sich in deutschen Kleinstädten die Angestellten in einer Bäckerei siezen, während in den hippen Großstadtläden auch unbekannte ältere Laufkundschaft geduzt wird. Die Regeln sind nicht ausformuliert, es gibt kein Buch, in dem sie sich nachschlagen lassen. Wir lernen sie durch den Gebrauch der Sprache in sozialen Situationen.

Solche Regeln und Normen gibt es auch für Social Media. Wir werden sehen, dass soziale Netzwerke im Kern aus Profilen bestehen, die im Austausch von Inhalten Beziehungen zueinander aufbauen. Daraus ergeben sich schnell Unklarheiten in Bezug auf die Gestaltung des Profils, die Art der kommunizierten Inhalte und der Beziehungen, die eingegangen werden. Es könnten Fragen wie die folgenden auftauchen:

- Gehört ein Bild von mir zum Profil? Wenn ja, ein ernstes oder eher ein lustiges?
- Muss ich beim Profil alle Angaben ausfüllen? Welche sind wichtig, welche nicht?
- Darf man falsche Angaben machen? Ist es möglich, ein Pseudonym zu verwenden?
- Müssen sich Inhalte, die ich teile, mit meiner Meinung decken? Müssen sie mit meiner beruflichen, familiären, privaten Rolle konform gehen?
- Muss ich darauf achten, wer diese Inhalte sehen könnte?
- Soll ich mich mit Mitarbeitenden, Freunden, Familienmitgliedern etc. verbinden?
- Gehe ich auch Beziehungen mit Fremden ein?

Diese Fragen stellen sich für jedes soziale Netzwerk und jede Person neu. Erfahrene Userinnen und User können sie sicher mit einer persönlichen Einschätzung

Buch: "Netzgemüse"

beantworten. Solche Ratschläge gelten jedoch immer in Bezug auf konkrete Ziele, die man mit Social Media verfolgt und darüber hinaus nur innerhalb bestimmter Nischen in den Netzwerken. Daher ist es sinnvoller, eine eigene Haltung zu finden, als vorgegebenen Ratschlägen zu folgen.

Learning by lurking

Dazu gibt es eine einfache Methode, die sich auf Englisch »lurking« (von »to lurk«, lauern) nennt. In einem berüchtigten Bilderforum auf der Seite 4chan.org handeln alle Benutzerinnen und Benutzer anonym. Stellt jemand eine ungeschickte Frage oder offenbart mit einem Eintrag, dass er oder sie mit elementaren Zusammenhängen im Bilderforum nicht vertraut ist, wird oft mit der Aufforderung »Lurk moar!« geantwortet. In der für 4chan typischen Schreibweise heißt das, man solle »mehr«, also länger und intensiver *lurken*. Lurken war ursprünglich im Internet verpönt, man bezeichnete damit passive Zuschauerinnen und Zuschauer, die bei Diskussionen nur mitlasen, ohne sich selber einzubringen.

Lurking kann aber als (auto-)didaktisches Programm viele Einsichten in die Kommunikationsabläufe auf Social Media liefern. In fast allen Netzwerken ist es möglich, mit einem leeren Profil ohne Beziehungen einfach eine Weile mitzulesen. Man kann sich ein Bild von interessanten Akteuren machen, beobachten, was einem gefällt, was einen irritiert oder stört – ohne selber beteiligt zu sein. Dadurch entsteht die für Reflexion nötige Distanz.[1]

Es kann sinnvoll sein, diese Beobachtungsphase mit einer Art Portfolioarbeit zu koppeln (ein konkretes Anwendungsbeispiel dazu befindet sich im Anhang): Man gibt sich einen konkreten Beobachtungsauftrag, indem man z. B. einige Profile genauer anschaut und sich Auffälliges, Bemerkenswertes notiert, um dann vielleicht jemandem dazu eine Frage zu stellen oder bei der Reflexion der Beobachtungsphase darauf zurückkommen zu können.

Wenn *learning by lurking* der erste Schritt ist, kann *learning by doing* der zweite Schritt werden. Wer weiß, wie andere Nutzerinnen und Nutzer durch die Gestaltung ihres Profils, ihre Vernetzung, ihre Inhalte und ihr Kommunikationsverhalten wirken, kann Normen und Regeln durchschauen und sich eigene Vorgaben geben. In der Einleitung zum Buch »Netzgemüse«, in dem Johnny und Tanja Haeusler einen humorvollen Blick auf die Erziehung vernetzter Kinder und Jugendlicher werfen, vergleicht das Ehepaar das Internet mit Bielefeld, einer Stadt, in der man wohnen muss, um ihre Lebensqualität zu erkennen:

Genau wie das Internet ist Bielefeld nichts als das Ergebnis dessen, was seine

---

1   Vgl. auch die Taxonomie in Anlehnung an Harold Bloom im Blog von Scott Rocco (2012).

Bewohnerinnen und Bewohner in der Vergangenheit aufgebaut haben und weiter ausbauen werden. Und trotzdem werden wir beim Rundgang durch die Stadt nur einen Bruchteil all dieser Menschen zu Gesicht bekommen, mit noch weniger von ihnen werden wir reden, und erst, wenn wir verweilen, werden wir wirkliche Gespräche mit ihnen führen.

Aber nur, wenn wir uns entschließen zu bleiben und selbst Bielefelder zu werden, haben wir die Chance, dort Freunde, Kollegen oder die Liebe unseres Lebens zu finden. (Haeusler und Haeusler, 2012, S. 8 f.)

Wie beim Knüpfen der ersten Kontakte in einer neuen Stadt empfiehlt es sich auch bei den ersten aktiven Handlungen im Internet, sich Zeit zu lassen und in einer ersten Phase Erfahrungen zu sammeln. Die Währung auf Social Media ist Aufmerksamkeit – und Aufmerksamkeit ist immer mit Fremdwahrnehmung gekoppelt, die man auf sich wirken lassen muss und aus der man für sich selber Schlüsse ziehen kann.

Letztlich sind Lernprozesse auf Social Media unvermeidlich. Die Wandelbarkeit der Werkzeuge, der Vernetzungen und der Inhalte bringen auch Änderungen der Normen mit sich. Während Social Media in frühen Phasen fast nur mit Pseudonymen stattgefunden haben, gibt es heute unter dem Druck der großen Netzwerke immer mehr die Tendenz zur Authentizität, zur Dokumentation des eigenen Lebens. Solche Verschiebungen erfordern Verhaltensänderungen, sie müssen wahrgenommen werden und fordern Reaktionen heraus. Zudem ändern sich die Zwecke, die man mit Social Media verfolgt, teilweise ziemlich schnell: Wenn Schülerinnen und Schüler soziale Netzwerke zum Kontakt mit ihren Peers, zur Unterhaltung und eventuell zum Lernen brauchen, könnten sie nach einem Wechsel in die Berufswelt berufliche Aufgaben mit Social Media erledigen.

Zusehen, nachvollziehen, ausprobieren – diese Lernweise entspricht genau den wesentlichen Prozessen beim Spracherwerb. Social Media erfordern das Lernen einer neuen Sprache, einer Sprache, die sich nur bedingt durch einen anderen Wortschatz oder eine eigene Grammatik auszeichnet, viel stärker jedoch durch eine spezifische Art von Kommunikation: von möglichen Aktionen, Reaktionen, Erwartungen und Normen.

Infotention

Menschen, die intensiv im Internet kommunizieren, verweisen immer wieder auf die Schwierigkeiten, die das Medium mit sich bringt. Diese folgen alle aus der scheinbar unbegrenzten und unüberblickbaren Fülle von Information, die ständig unsere Aufmerksamkeit von dem abzieht, was wir gerade tun, und sie

auf das lenkt, was wir auch noch tun könnten, was wir noch nicht kennen oder
was einfach ganz intensiv blinkt. Der Informationsüberfluss erfordert für kompetente Nutzerinnen und Nutzer neuer Medien eine sekundäre Kompetenz, die
Howard Rheingold (2012) *Infotention* genannt hat: Die Fähigkeit, Aufmerksamkeit *(attention)* und Information sinnvoll zu koppeln.   *oder abzukoppeln*

Schon 1755 dachte Denis Diderot in seiner Enzyklopädie über Informationsüberfluss nach:

> Mit den Jahrhunderten wird die Zahl der Bücher kontinuierlich wach-
> sen, und man kann eine Zeit voraussehen, in der er es ebenso schwierig
> sein wird, von Büchern etwas zu lernen wie durch das Studium des gan-
> zen Universums. Es wird fast gleich umständlich sein, nach einem Stück
> Wahrheit zu suchen, das von der Natur versteckt wird, wie nach einem,
> das sich in einer Unzahl von Bänden verbirgt. Wenn diese Zeit kommt,
> wird ein Projekt nötig sein, das man bisher vernachlässigt hat. (Diderot
> 1755/1987, S. 85, übers. von Ph.W.)

Aus dieser historischen Reflexion einer Überforderung lassen sich drei Phasen
einer Adaption an neue Medienformen bestimmen, die als Generalisierung
auch für die Gewöhnung an Internetkommunikation gelten:
1. Alarmismus aufgrund der Überlastung durch die verfügbare Information.
2. Entwicklung von Werkzeugen zum Umgang damit (beim Buch z. B. stilles
   Lesen, Interpunktion, Wörterbücher, Kodex-Form des Buches etc.).
3. Eine neue Generation von Menschen, welche die neuen Werkzeuge selbstverständlich und ohne Probleme einzusetzen vermag.

mehr Oberfläche, weniger Tiefe

Rheingold (2012, S. 96 ff.) entwickelt in seinem Buch *Net Smart* das Konzept der
Infotention sehr sorgfältig. Es geht von der fundamentalen Einsicht aus, dass sich
Information und Aufmerksamkeit komplementär verhalten: Je mehr Informationen gleichzeitig verfügbar sind, desto weniger Aufmerksamkeit kann ihnen
gewidmet werden. Rheingolds Konzept besteht aus drei Kompetenzbereichen:

Erstens basiert es auf der Fähigkeit, in jedem Moment die zur Situation pas-
sende Aufmerksamkeit aufbringen zu können. Zweitens nennt Rheingold das
Vermögen, Filter und Dashboards einrichten zu können, die Informationen
bereithalten. Und drittens muss ein soziales Netzwerk gepflegt werden, das mit
sinnvollen Empfehlungen das Rauschen der Informationen durchbrechen kann.

Die eigenen Gewohnheiten in Bezug auf Aufmerksamkeit müssen also mit
entsprechenden Werkzeugen gekoppelt werden. Am Anfang einer Tätigkeit
am Computer oder an mobilen Kommunikationsgeräten steht für Rheingold

die Formulierung eines Ziels, das man auf ein Stück Papier notiert und stets im Sichtbereich belässt. Es hilft einem dabei, jede Online-Aktivität kritisch zu prüfen. Hilfreich sind auch einige einfache Fragen:

Was will ich gerade tun oder erreichen, wenn ich mich an den Computer setze oder das Smartphone hervorhole? Worauf klicke ich gerade? Was verspreche ich mir davon? Wie gehe ich damit um?

Die letzte Frage führt zu einem einfachen Triage-Modell: Links, Inputs etc. müssen abgelegt oder gespeichert werden, wenn sie mittel- oder langfristig wichtig sein könnten, aber dürfen nicht zu einer Ablenkung führen. Es ist also nötig, dafür entsprechende Tools zu haben. Sie lassen sich mit einfachen Mechanismen einsetzen:

– Was kurzfristig interessant sein könnte, in einem Browser-Tab öffnen.
– Was mittelfristig gelesen werden soll, mit einem Dienst wie Instapaper oder Pocket abspeichern, die per Knopfdruck ein persönliches Archiv anlegen.
– Was langfristig wichtig sein könnte, gezielt in strukturierte Lesezeichen-Ordner im Browser ablegen.

Konzentration hat auch etwas mit Reife au tun.

Rheingold fordert für Lernende die Entwicklung einer Kompetenz, Filter und Dashboards managen zu können. Damit meint er Tools, die Informationen durchsuchen, Relevantes hervorheben und Irrelevantes ausblenden. Er fordert, dass diese Kompetenz in der Schule einen prominenten Platz einnehmen muss. Wichtig sei es, in den Strom der Information eintauchen zu können: Eintauchen als eine gezielte, bewusste Tätigkeit, die auch das Auftauchen einschließt und mit der niemand Gefahr läuft, vom Strom mitgezogen zu werden oder darin zu ertrinken.

An dieser Stelle lässt sich der Kreis schließen: Filter und Dashboards zu erstellen und zu unterhalten lernt man wiederum, indem man Profis bei ihrer Mediennutzung zusieht und ihre Tricks dann langsam für sich selber adaptiert. Empfehlenswert ist dafür die Rubrik »Was ich lese« auf dem Blog von Christoph Koch (www.christoph-koch.net, o. J.), in dem Menschen ihr Medienmenu vorstellen und dabei auch ihre Filter beschreiben.

2. Die Idee *Social Media*

Social Media können nur innerhalb der umfassenden Veränderungen des Internets in den letzten zehn Jahren verstanden werden, die unter dem Begriff Web 2.0 zusammengefasst sind. Miriam Meckel bündelt diese Veränderungen in einer knappen Definition:

Web 2.0 ermöglicht die selbst organisierte Interaktion und Kommunikation der Nutzerinnen und Nutzer durch Herstellung, Tausch und Weiterverarbeitung von nutzerbasierten Inhalten über Weblogs, Wikis und Social Networks. Über kommunikative und soziale Vernetzung verändern die Nutzer die gesellschaftliche Kommunikation – weg von den Wenigen, die für Viele produzieren, hin zu den Vielen, aus denen Eins entsteht: das virtuelle Netzwerk der sozial und global Verbundenen. (Meckel, 2008, S. 17) *eine neue Soziales Gedächtnis*

entsteht.

Diese Idee der »gesellschaftlichen Kommunikation« macht Social Media aus. Unabhängig vom medialen Kontext – das heißt unabhängig vom Internet – geht es darum, dass die Kommunizierenden nicht nur entweder Inhalte erstellen oder Inhalte konsumieren, sondern dass beides gleichzeitig innerhalb eines Netzwerkes möglich ist. Dadurch entstehen eine Reihe von neuartigen Tätigkeiten, die den traditionellen Umgang mit Medieninhalten (Texten, Bildern, Videos, Audiodaten) erweitern: Ohne großen Aufwand ist es möglich, sie weiterzugeben, gemeinsam zu erstellen, zu konsumieren oder sie in einem sozialen Gefüge zu kommentieren.

? Als Idee ist Social Media immer gleichzeitig ein Ideal oder eine Utopie und *Abbild* eine Beschreibung der Realität. Wenn Meckel von den »sozial und global Verbundenen« spricht, so drückt sie aus, dass mit der Verbreitung des Internets auch eine so genannte Digitale Kluft oder eine *digital divide* entsteht: Menschen, die Zugang zu digitalen oder sozialen Medien haben, verbinden sich stärker und verbessern damit ihre ohnehin schon privilegierte Position, womit sich der Abstand zu denen, die keinen Zugang zu diesen Kulturtechniken haben, vergrößert.

Damit ist schon angedeutet, dass Bildung in einem umfassenden demokratischen Sinne auch mit der Befähigung zur Partizipation an diesen Formen von sozialen Netzwerken und Kollaborationen verbunden sein muss. Diese Forde-

=> damit Bildung nicht vererbt?

rung wird im abschließenden vierten Kapitel noch einmal aufgegriffen. In den folgenden Abschnitten geht es darum, die Idee, die hinter Social Media steht, zu skizzieren und zu konkretisieren. Die Bedeutung dieser Idee soll fassbar gemacht werden: Als Ideal, aber auch als Realität.

Was sind Social Media?

Es ist leicht möglich, die wesentlichen Elemente von Social Media darzustellen, ohne auf konkrete Netzwerke Bezug nehmen zu müssen. Es handelt es sich um eine Idee, die nicht einmal notwendig etwas mit digitaler Kommunikation zu tun hat. Der Medienwissenschaftler Stefan Münker schreibt in seinem Buch über digitale Öffentlichkeiten einleitend: »Medien sind sozial: alle Medien, immer schon.« (Münker, 2012, S. 9) Er geht dann aber zu einer präziseren Definition über, in der er zwei mögliche Arten, wie der Begriff Social Media definiert werden könnte, umreißt:

> Der Begriff Social Media ist mittlerweile ein feststehender Ausdruck [...], der als Name zur Beschreibung bestimmter Formen von medialen Umgebungen im Internet dient. Bei Namen ist die Frage nach Sinn oder Unsinn ihrer Bestandteile müßig; wir müssen sie erst einmal nehmen, wie sie sind.
> Die *Sozialen Medien* [...] haben eine spezifische Eigenschaft gemeinsam – sie entstehen erst im gemeinsamen Gebrauch. (Münker, 2012, S. 10)

In diesem Leitfaden wird das zweite Verständnis gewählt, in dem Social Media nicht ein Name für eine Reihe von Phänomenen digitaler Kommunikation ist, sondern spezifische Medienformen bezeichnet, die dadurch gekennzeichnet sind, dass es sie erst dann gibt, wenn sie von einer Gemeinschaft verwendet werden. Ohne Inhalte sind Facebook oder Twitter nur Programme, Codes – aber keine Medien.

Die wesentlichen Aspekte, die Social Media auszeichnen, können ausgehend von einem klassischen Kommunikationsmodell dargestellt werden: Die Kommunikation per Brief oder Gespräch verbindet eine Senderin mit einem oder mehreren bewusst gewählten Empfängern; sie funktioniert also *one-to-one* oder *one-to-many*. Massenmedien lösen die Vorstellung eines begrenzten Publikums auf, sie machen Inhalte verfügbar, die von beliebig vielen Rezipierenden empfangen werden können. Sie nutzen auf verschiedenen Ebenen Filter, weil das Informationsangebot sonst nicht zu bewältigen wäre: Zeitungen, Fernseh- oder Radiosender wählen Inhalte aus und bündeln sie in Ressorts, Beiträgen oder Sendungen, die wiederum selektiv konsumiert werden können. Waren vor

Social Media solche Massenmedien einer Elite vorbehalten, die darin zu Wort kam, so löst das Web 2.0 auch hier Beschränkungen auf: Jede und jeder kann Botschaften aussenden, die von jeder und jedem empfangen werden könnten. Allerdings gibt es dafür keine Gewähr, weil Kommunikationsabläufe nun wiederum durch die Filter der daran Teilnehmenden individuell abgestimmt werden.

Die vier wesentlichen Eigenschaften von Kommunikation im Web 2.0 können in einen Bezug zur Kommunikation im Unterricht gestellt werden:

(1) Alle an der Kommunikation Beteiligten können wahlweise aktiv oder passiv daran teilnehmen, also Inhalte erstellen und Inhalte konsumieren. Diese Wahl betrifft eigentlich jede Phase der Kommunikation. Ob Inhalte rezipiert oder produziert werden, kann jede Teilnehmerin oder jeder Teilnehmer selber entscheiden. Auf den Unterricht bezogen hieße das, dass Schülerinnen und Schüler ständig die Wahl haben, ob sie zuhören oder lesen wollen – oder selber reden und schreiben.

(2) Dadurch verändert sich die Hierarchie, es gibt nicht Senderinnen und Sender, die Inhalte vorfiltern und sie damit auch verantworten. Die Lehrperson kann also Prozesse begleiten, ist aber nicht mehr exklusiv für Inhalte zuständig. Ihre Hauptaufgabe ist nicht mehr das Bereitstellen von Inhalten, sondern die Begleitung im Umgang mit diesen Inhalten, das Coaching. *unklares Ziel + unklare Orientierung*

(3) Kommunikation findet zwischen allen Teilnehmenden statt. Ordnung entsteht nur durch Filter: Auf Social Media entscheiden die User, was sie lesen, sehen und hören wollen. Aussenden können alle alles, ohne sich damit an ein klares Publikum zu richten. Schülerinnen und Schüler kommunizieren also unter Umständen direkt miteinander und brauchen die Lehrperson nicht zur Erteilung von Rederechten oder Steuerung der Gespräche. Damit erhalten sie viel mehr Verantwortung für ihr Lernen: Sie bestimmen ihre Filter und könnten – würde man die Idee konsequent umsetzen – auch die Lehrperson ausblenden. *2*

(4) Social Media werden ortsunabhängig und asynchron benutzt. Die virtuelle Dimension der Internetkommunikation ermöglicht das Abschicken und Empfangen von Mitteilungen zu jeder Zeit an jedem Ort. Gleichzeitig werden die Mitteilungen aber in *real time* verschickt, ihre Zustellung braucht keine Zeit. Damit ist die Einschränkung aufgehoben, dass Kommunizierende entweder zur gleichen Zeit am gleichen (beziehungsweise an einem bestimmten) Ort sein müssen, oder die örtliche Entfernung mit zeitlicher Verzögerung bezahlen.

Was sollen die Schüler denn dabei lernen, ist das Fach dann social media?

Lernprozesse wären somit nicht mehr ortsgebunden und fänden nicht mehr nur im schulischen Kontext statt, sondern in Verbindung von privaten Lernphasen mit schulischen.

Wenn Social Media bedeutet, dass die Partizipation der User die Inhalte

Wenn der Lehrer von den Schülern umgangen werden kann, wie findet dann Wissensvertiefung und neues Wissen statt?

wesentlich prägt, so würde Social Media-Unterricht bedeuten, dass die Unterrichtsgegenstände wesentlich von den Lernenden (mit-)geprägt würden. Damit ist auch schon der visionäre Gehalt dieser Vorstellung umrissen und gesagt, dass Social Media als Idee eine utopische Funktion haben, die stark mit Vorstellungen der Funktionsweise von Gesellschaft verbunden ist.

Die gesellschaftliche Bedeutung von Social Media

Medientheoretiker befassen sich seit Längerem mit Social Media. Für die Zwecke dieser Einführung lässt sich die Diskussion mit zwei Zitaten zusammenfassen, die zeigen, wie umfassend die Bedeutung von Medienwandel sein kann.

Bekannt ist der Verweis auf Bertolt Brechts Gedanken zur Radiotheorie, die er bereits 1932 formulierte:

> Der Rundfunk ist aus einem Distributionsapparat in einen Kommunikationsapparat zu verwandeln. Der Rundfunk wäre der denkbar großartigste Kommunikationsapparat des öffentlichen Lebens, ein ungeheures Kanalsystem, das heißt, er wäre es, wenn er es verstünde, nicht nur auszusenden, sondern auch zu empfangen, also den Zuhörer nicht nur hören, sondern auch sprechen zu machen und ihn nicht zu isolieren, sondern ihn in Beziehung zu setzen. Der Rundfunk müßte demnach aus dem Lieferantentum herausgehen und den Hörer als Lieferanten organisieren. […] Undurchführbar in dieser Gesellschaftsordnung, durchführbar in einer anderen, dienen die Vorschläge, welche doch nur die natürliche Konsequenz der technischen Entwicklung bilden, der Propagierung und Formung dieser anderen Ordnung. (Brecht, 1932, S. 127 f.)

Der Marxist Brecht sieht im medialen Wandel eine Möglichkeit zur sozialen Veränderung. Durch die Möglichkeit der Menschen, nicht nur Informationen zu empfangen, sondern sie auch auszusenden, wird eine hierarchische und herrschaftliche Strukturierung von Kommunikationsprozessen unterwandert. Der Mensch ist dann nicht Teil eines von anderen bestimmten Prozesses, sondern er gestaltet die Kommunikation selbst.

Diesen Gedankengang führte in den 1970er-Jahren Hans Magnus Enzensberger fort, der unter Bezug auf Brecht in seiner Medientheorie folgendes Programm festhielt:

> Der richtige Gebrauch der Medien [erfordert und ermöglicht] Organisation. Jede Produktion, die sich die Interessen der Produzierenden

facebook: Freunde sind eine Illusion.

Ein Tool zur Maskierung„

Die gesellschaftliche Bedeutung von Social Media   27

erst wenn sie real im vis-à-vis
greifbar sind, können sie
überhaupt
zu Freunde
werden.
Vorher fehlt
eine
wichtige
Ebene der
Wahrnehmung
und
Einschätzung.

zum Gegenstand macht, setzt eine kollektive Produktionsweise voraus. Sie ist selbst bereits eine Form der Selbstorganisation gesellschaftlicher Bedürfnisse. Tonbandgeräte, Bild- und Schmalfilmkameras befinden sich heute schon in weitem Umfang im Besitz der Lohnabhängigen. Es ist zu fragen, warum diese Produktionsmittel nicht massenhaft an den Arbeitsplätzen, in den Schulen, in den Amtsstuben der Bürokratie, überhaupt in allen gesellschaftlichen Konfliktsituationen auftauchen. Indem sie aggressive Formen einer Öffentlichkeit herstellten, die ihre eigene wäre, könnten die Massen sich ihrer alltäglichen Erfahrungen versichern und aus ihnen wirksamere Lehren ziehen. (Enzensberger, 1970, S. 179)

Brecht und Enzensberger sehen in der Öffnung medialer Produktionskanäle die Möglichkeit zur Emanzipation und Aufklärung. Menschen informieren sich gegenseitig, ohne die Vermittlung eines übergeordneten Senders oder einer dominierenden Instanz zu benötigen. Dadurch verändern sich Arbeits- und Bildungsprozesse, die ganze Gesellschaft wandelt sich.

Idee: Wikipedia

Diese Prognose von Brecht und Enzensberger ist heute noch immer eine Prognose: Auch wenn mit dem Verweis auf den Arabischen Frühling von 2010 immer wieder die Rede davon ist, Social Media könnten Revolutionen auslösen oder befördern, so hat in den westlichen Industrieländern, wo das Web 2.0 flächendeckend auch mobil genutzt wird, seit 1970 kein wesentlicher gesellschaftlicher Wandel stattgefunden – was immer die Gründe dafür sein mögen.

Dennoch wird auch heute das politische und soziale Potenzial von Social Media immer wieder erwähnt. Auch auf dieses Potenzial gibt es die Perspektive der Chance und die der Gefahr. Letztere erwähnt Frank Schirrmacher in einem Gespräch – wiederum Bezug nehmend auf Brechts Gedankengang:

Wir müssen erkennen, dass der sogenannte Empfänger ein Medium geworden ist, das selbst senden kann. Ein Blog kann genauso wichtig sein wie ein Leitartikel in der FAZ oder ein Spiegel-Artikel. Wir alle begreifen erst allmählich die Wirkung dieser Technologie auf unsere Gesellschaft. Die Adaption des Menschen an diese Technologien kostet viele Opfer. Die unabhängigen, privat finanzierten Medien, auch die Buchhandlungen und Verlage, stehen in einem darwinistischen Überlebenskampf. Das Phänomen der Internetökonomie ist ja dieses Matthäus-Prinzip: Wer hat, dem wird gegeben. Ganz wenige werden ganz groß, und viele Kleine, das ist meine größte Sorge, werden verschwinden. (Schirrmacher, zit. nach Göring-Eckhardt, 2012)

Schirrmacher stellt fest, dass die Technologie Entwicklungen bestimmt: Gibt es technologische Möglichkeiten, werden sie genutzt, Mensch und Gesellschaft müssen sich daran anpassen. Das heißt, dass auch Social Media Vorgaben machen könnten, die eventuell einen Zwangscharakter annehmen. Zudem sind die damit verbundenen Gewinne möglicherweise weniger wert, als man denken könnte. Schirrmachers Verweis auf den Matthäus-Effekt, »Denn wer da hat, dem wird gegeben, dass er die Fülle habe; wer aber nicht hat, dem wird auch das genommen, was er hat« (Matthäus 25,29, zit. nach Luther, 1545/1984), bringt vor, dass der sprechende Zuhörer und der schreibende Leser zwar in der Utopie viel auslösen können, in der gesellschaftlichen Realität jedoch weder gehört noch gelesen werden. Sie verschwinden im *Long Tail*, dem Teil der kulturellen Produkte, die zusammen weniger Aufmerksamkeit erhalten als auch nur einer der wenigen Bestseller und Hits.

Positiver, aber auch vager ist der Blick, den der MIT-Professor Henry Jenkins in die Zukunft wirft. Auf die Frage, welche Auswirkungen die vernetzte Kultur haben werde, antwortete er:

> Wenn ich das wüsste, würde ich eine Menge Geld verdienen (lacht). Die gegenwärtige Krise der politischen Kommunikation zeigt, dass wir gerade erst dabei sind, die Wirkung einer vernetzten Kultur zu verstehen. Natürlich müssen wir auch die Schulbildung stärker darauf auslegen, kollaborative Fähigkeiten zu fördern und gemeinsame Problemlösungsstrategien zu beobachten und zu bewerten. Es wird nicht mehr darum gehen, jedem Schüler die gleichen Dinge und Lösungsansätze beizubringen, sondern darum, dass jeder Verantwortung für einen Teil der Probleme übernimmt. (Jenkins, zit. nach Kuhn, 2012)

Auch hier wird deutlich: Ein Anpassungsvorgang ist nötig, damit das Potenzial ausgeschöpft werden kann, das Social Media mit sich bringen. Wenn nämlich jeder Kommunikationsteilnehmer in allen Kanälen öffentlich senden und empfangen kann, dann wird eine Neuerfindung der Arbeitsteilung unumgänglich sein. Man kann das an einem Beispiel festhalten: In der westlichen Kulturgeschichte seit der Aufklärung werden kulturell wertvolle Produkte auf die Leistung oder das Genie eines Individuums zurückgeführt. Zu den heute bemerkenswertesten kulturellen Leistungen gehören hingegen amerikanische und britische Serien, bei denen in komplexen Prozessen riesige Teams von kreativen Menschen zusammenarbeiten und so Kunstwerke erschaffen, die über Jahre, teilweise auch Jahrzehnte kohärente und ästhetisch einheitlich gestaltete Geschichten erzählen können. Solche Formen von Zusammenarbeit sind weder in der europäischen Arbeitswelt noch in der Bildungslandschaft denkbar, obwohl gerade Social Media die technischen Erfordernisse von solch anspruchsvollen Kollaborationsprojekten abdecken würden. (Oder sie werden – wie im Fall von Brecht, dessen Stücke oft als Kollaborationen entstanden sind – nur inoffiziell eingesetzt und verschwinden hinter einem prominenten Namen.)

Aktuelle medientheoretische Ansätze weisen häufig auf die Rolle von Algorithmen und Maschinen hin. Schon im Vorwort zu seinem Buch »Gadget« schreibt Jaron Lanier, sein Text würde vor allem von »Nichtpersonen« gelesen: »Automaten und dumpfe Massen von Leuten, die nicht mehr als Individuen agieren« (Lanier, 2010, S. 10). Sein Buch kreist um die Befürchtung, dass die technische Entwicklung Menschen zwingen könnte, ihre Persönlichkeit abzulegen. Er bezieht seine Kritik auch auf das Design von Social-Media-Tools: Viele der negativen Eigenschaften (z. B. Vereinfachung von Mobbing-Prozessen und Übergriffen, Preisgabe der Privatsphäre, Verlust der Individualität) seien nicht einfach kleine Fehler, die sich mit der Zeit beheben ließen, sondern fundamentale Eigenschaften einer Konzeption, die kaum mehr sichtbar sei. Menschen passten sich den Vorgaben an und verhielten sich so, wie es die »Gadgets« von ihnen verlangten:

> Diese neue Woge eines Gadget-Fetischismus ist eher von Angst als von Liebe getrieben. […] der reduzierte Inhalt dieser Kommunikation wird am Ende zur Wahrheit des betreffenden Menschen. (Lanier, 2010, S. 99)

Laniers wirtschaftliche Analyse möchte zeigen, wie das Web 2.0 zu einer Entwertung geistiger und kreativer Arbeit geführt hat. Er stützt sich dabei hauptsächlich auf den Musikmarkt, wo die Arbeit der Künstlerinnen und Künstler heute weitgehend gratis verfügbar ist und entsprechend an Wert verloren hat. Ähnliches gilt für die Arbeit von Lehrpersonen: Das Privileg, Schülerinnen und Schüler gegen Bezahlung unterrichten zu dürfen, ist ein Auslaufmodell. Individuelle Bildung ist über angepasste Netzwerke und mit Video-Tutorien (z. B. von der Kahn Academy) problemlos möglich, Lehrpersonen und Peers bieten auf Sozialen Netzwerken ihre Leistungen kostenlos an. Warum müsste man sie also weiterhin bezahlen?

Diese Sichtweise, die Lanier engagiert vertritt, zeichnet eine Dystopie: Eine Welt, in der Maschinen alles für Menschen Bedeutsame durch wertlose Kopien und maschinelle Abläufe ersetzt haben. Dieser Befürchtung kann die Analyse von Mercedes Bunz (2012) entgegengesetzt werden: In ihrer Studie »Die stille Revolution« vergleicht sie die Effekte der Industrialisierung mit jenen der Algorithmisierung. Hat Erstere manuelle Arbeit fast vollständig durch maschinelle ersetzt, schafft Letztere die Möglichkeit, den Umgang mit Fakten, Informationen und Texten zu automatisieren. Heute können Computerprogramme mühelos und ohne Zeitaufwand gehaltvolle Texte schreiben, beispielsweise Sportberichte oder Rezensionen. Bunz zeigt nun, dass sich die Rolle des Experten wandeln wird: Ein »umfassendes Verständnis der Dinge«, das den prädigitalen Experten kennzeichnete, ist heute allen zugänglich. Expertinnen und Experten – und damit auch Lehrpersonen – müssen ihre Perspektive ändern und eine neue Rolle finden, welche die Wandelbarkeit und Schnelllebigkeit von Fakten berücksichtigt, und akzeptiert, dass Technologie Menschen begleitet und nicht bedroht.

Man kann also bilanzieren: Social Media haben eine politische und gesellschaftliche Bedeutung – aber nicht als Mittel zu einem vordefinierten Zweck, sondern als Versprechen oder als Drohung, deren Einlösung noch aussteht. Anders gesagt: Es ist möglich, daran mitzuarbeiten, dass die Auswirkungen von Social Media wünschenswert und menschenfreundlich sind.

Die Geschichte des Internets

Medien begleiten den Menschen, seit es ihn gibt – sie definieren ihn gewissermaßen. Und die zivilisatorische Entwicklung des Menschen wird begleitet vom Medienwandel, der sich, folgt man dem italienischen Philosophen Paul Virilio, ständig beschleunigt. So wurden im 20. Jahrhundert gleich drei bedeutende mediale Entwicklungen eingeführt: Radio, Fernsehen und Internet. Virilio prognostiziert eine Phase der Simultaneität, in die diese Beschleunigung mündet. Geschichte wird darin aufgehoben. Medien begleiten dann den Menschen nicht mehr, sondern sie sind die Bedingung seiner Existenz: Den Menschen gibt es nur noch in Medien (te Wildt, 2012, S. 46 ff.).

Die Digitalisierung der Medien ist mit der Einführung von zusätzlichen Möglichkeiten wie z. B. dem Radio kaum zu vergleichen. Bert te Wildt formuliert das sehr prägnant:

> Das Internet ist das erste Medium, das einen Raum bietet, in dem sich seine Benutzer scheinbar frei und losgelöst von den Grenzen der Zeit, des Raumes, der Geografie, der Gattung und des Geschlechts bewegen können. Zusammenfassend lässt sich über die virtuelle Welt der digitalen Medien sagen, dass sie sich zwar aus der Masse aller konvergierenden Medien und deren Inhalten zusammensetzt, dass sich aber erst aus ihren interaktiven Verbindungen zwischen ihren Nutzern und den von ihnen generierten Inhalten dasjenige Netz aufspannt, das wir in seiner ganzen Weite auch als Cyberspace bezeichnen. (te Wildt, 2012, S. 66)

Dieser Cyberspace markiert einerseits eine Art Ende des Medienwandels – oder einen qualitativen Umbruch –, hat aber andererseits selber eine Geschichte. Social Media bzw. Web 2.0 bezeichnen eine Phase in der Geschichte des Internets. Man kann bisher drei solche Phasen bezeichnen:

In einer ersten war das Internet ein Medium für eine eng begrenzte akademische Elite, die an den Universitäten Zugriff auf diese Infrastruktur hatte. Ab 1993 begann eine zweite Phase, in der E-Mail und Internet einer breiten Masse zugänglich gemacht wurde. Das Internet schien den Verkauf von Produkten zu revolutionieren, es entstand die so genannte »dotcom-Blase«, die im Jahre 2000 platzte. Um 2003 begann die dritte Phase, in der die soziale Interaktion in den Mittelpunkt rückte – wiederum als ein Geschäftsmodell: User wurden dazu gebracht, Gratisarbeit zu verrichten, die als Anreiz genommen werden kann, um Werbung zu verkaufen (Jurgenson und Boesel, 2012).

Momentan erleben wir einen Zeitpunkt, an dem die Möglichkeiten von Web 2.0 einem breiten Publikum vertraut sind und es darum geht, sie in bestehende Prozesse zu integrieren. Damit beschäftigt sich dieses Buch. Es ist offensichtlich, dass mit weiteren Verschiebungen und Umbrüchen zu rechnen ist. Der Fokus des Mediums Internet verlagert sich weiter – ein Web 3.0, bliebe man bei der Terminologie, stünde unter dem Motto *real-time:* Mit mobilen Geräten werden Ereignisse direkt multimedial abgebildet und live konsumiert (Lovink, 2011, S. 36 f.).

Die Bedeutung von »social« in Social Media

Versucht man den Begriff »Social Media« wörtlich zu übersetzen, so wirkt »soziale Medien« schief. Handelt es sich um »soziale« Medien – also solche, die sich auf den gesellschaftlichen Zusammenhalt beziehen, ihn fördern, auf ihn einwirken? Das scheint nicht all das genau wiederzugeben, was Social Media bedeutet.

In seiner Social Media-Kritik »Networks Without a Cause« hielt Geert Lovink 2011 fest, »the social« sei heute nur noch ein Feature, eine Option. Lange Zeit sei undenkbar gewesen, »social« ohne moralische Konnotation zu verwenden: Das Soziale war ein Problem oder ein Ideal. Heute könne man aber Gemeinschaft (»community«) und »the social« problemlos trennen: »social« sei, so Lovink, heute nur noch eine Eigenschaft technologischer Prozesse, ein Teil von Programmen, die Menschen auf Plattformen festhielten, welche ihre Zeit in Anspruch nehmen, ohne gesellschaftliche Strukturen auszubilden oder Gemeinschaften herzustellen (Lovink, 2011, S. 6).

Diese Kritik am Begriff »social« präzisieren Nathan Jurgenson und Withney Erin Boessel in einem kurzen Essay (2012). Sie unterscheiden darin die zwei Begriffe: »social« und »Social«.

social

Der erste Begriff, der Alltagssprache entnommen, bedeutet so viel wie gesellschafts- oder gemeinschaftsbezogen. Er betrifft alles, was sich zwischen Menschen abspielt: direkt oder indirekt, on- oder offline.

Social

Der zweite Begriff hat eine viel engere Bedeutung: Er meint Interaktionen, die messbar, quantifizierbar, protokollierbar und benutzbar sind. Menschliches Verhalten, das in Datenbanken abgebildet werden kann, ist »Social«. Das hat im deutschsprachigen Raum auch Christoph Kappes ähnlich formuliert: »›Social‹ meint, dass menschliche Beziehungen maschinell abgebildet werden (zur Zeit noch naiv) und zur Informationsselektion und -verbreitung genutzt werden.« (Kappes 2012a)

Jurgensen und Boessel verwenden für ihre Unterscheidung ein Bild. »social« ist wie der Wasserkreislauf: Es regnet, es bilden sich Bäche, Flüsse; die wiederum bilden Seen und Meere. Von dort verdunstet das Wasser und bildet Wolken. »Social« hingegen ist ein Stausee: Eine Wassermasse, die eine spezifische Funktion hat (Energie herzustellen) und – ohne das selber sichtbar zu machen – künstlich gebildet worden ist.

Die spezifische Funktion von »Social« und damit von Social Media ist den Autoren zufolge, Arbeit gratis verfügbar zu machen. Das Geschäftsmodell des Web 2.0 sei es, Plattformen durch die von Usern generierten Inhalte attraktiv zu machen, also durch Gratisarbeit. Nicht messbare Aspekte des »sozialen« Internets wirkten bedrohlich, sie werden – wie das kürzlich Alexis Madrigal (2012) getan hat – »dark social« genannt.

Geht man noch einen Schritt weiter, so kann man mit Bert te Wildt (2012, S. 114) konstatieren, dass sich »das Mediale vom Individuellen zum Kollektiven hin entwickelt«: War das erste Medium die Stimme des Menschen, gebunden an seinen Körper und seine Individualität, so ist das Medium Internet heute völlig unabhängig von Körpern und Individuen und damit auch von ihren Beziehungen. Es braucht keine Individuen mehr, um soziale Netzwerke herzustellen, vielmehr schaffen die sozialen Netzwerke selbst Individuen.

Die Teilnehmenden als User

Der Wandel der Kommunikationssituation ist ein entscheidendes Merkmal des Web 2.0 und damit auch von Social Media. Während Zeitungen und Bücher von wenigen geschrieben und von vielen gelesen wurden (one-to-many), gibt es die

Unterscheidung zwischen Produzierenden und Konsumierenden im Web 2.0 nicht mehr. Die Leserinnen und Leser haben die Möglichkeit, online publizierte Artikel zu kommentieren. Sie können jederzeit einen Blog eröffnen oder Texte fast beliebiger Länge auf sozialen Netzwerken publizieren und sie so einer potenziell unendlich großen Leserschaft zugänglich machen (*many-to-many*-Kommunikation). Laptop, Tablet und Smartphone sind Interfaces, die eine Anzeige und eine Eingabe gleichzeitig ermöglichen. Entsprechend interaktiv sind auch die Angebote gestaltet, auf die zugegriffen wird.

In te Wildts Darstellung der digitalen Wende erhält der Begriff *User* eine zentrale Position, weil der *User* die Figur ist, in der sich die Interaktivität der Neuen Medien manifestiert:

> Das Besondere an Computer und Internet ist […], dass wir alle medialen Inhalte, das heißt alle gespeicherten Schriften, Musiken, Filme und Bilder, jederzeit verändern und beliebig zueinander in Beziehung setzen können. Wir sind nicht mehr nur passive Zuhörer und Zuschauer, sondern nehmen aktiv und interaktiv am virtuellen Geschehen teil. Der Unterschied zwischen Sender und Empfänger hebt sich zugunsten des *Users* auf. Jenseits von professionellen Medienmachern versetzt sich der Medien nutzende Mensch selbst in die Lage, zum jederzeit medial Handelnden zu werden und mit allen medialen Inhalten, die der Mensch jemals geschaffen hat, spielerisch umzugehen. Ob eine solche Interaktivität eine Aktivität im eigentlichen Sinne oder nur eine Simulation von Aktivität sein kann, sei […] in Frage gestellt. (te Wildt, 2012, S. 45)

Drei Dimensionen von Social Media

Um Social Media zu erklären, muss man sich nicht an einem Computer einloggen. Die Funktionsweise von Social Media kann problemlos an einer Schulklasse und ihrem Unterricht vorgeführt werden. Dadurch wird sichtbar, dass in der Benutzung von sozialen Netzwerken nicht völlig neuartige Prozesse ablaufen, sondern bestehende Abläufe eine digitale Form erhalten. Das zeigt die folgende Darstellung der wesentlichen Bestandteile von Social Media anhand eines Vergleiches mit zwei verschiedenen Konzepten von Unterricht.

Skizzieren wir zunächst die traditionelle Vorstellung von Unterricht: Die Schülerinnen und Schüler fügen sich in eine festgelegte Rolle. Sie sitzen still, hören zu, sprechen, wenn sie dazu aufgefordert werden, stehen auf, setzen sich, schreiben in ihr Heft, erledigen Hausaufgaben. In der Schule könnten sie ihren Namen und ihre Individualität ablegen, man könnte sie auch nummerieren.

Arbeiten sie fehlerfrei, dann steht in jedem Heft dasselbe und in allen Köpfen wird dasselbe gedacht.

Diese Inhalte werden von einer Lehrperson gesteuert, sie sind in einem Lehrplan definiert. Festgelegt ist auch, was mit diesen Inhalten geschehen kann: Sie werden z. B. gelernt, aufgesagt, ausgemalt, abgeschrieben etc.

Die einzige relevante Beziehung ist die zwischen Lehrperson und Schülerin oder Schüler. Auch sie entspricht engen Vorgaben: Die Lehrperson ist ein Vorbild, sie bringt keine persönlichen Züge in den Klassenraum, sie zeigt keine Schwächen, sie kann das, was die Schülerin oder der Schüler können sollten, und weiß sie in ihrem Lernen anzuleiten. Sie legt die Regeln fest, lobt, beurteilt und straft, wenn das angebracht ist.

Dieses Unterrichtsmodell entspricht dem traditioneller Medien: Der Lehrer steht an der Stelle der Tageszeitung, die vordefinierte Inhalte mit einheitlichen Methoden aufbereitet. Die Schülerinnen und Schüler nehmen die Positionen der Leserinnen und Leser ein, die vorgegebene Tätigkeiten mit den Zeitungen ausführen können: Lesen, darüber reden, allenfalls einen Leserbrief schreiben.

Social Media verändert nun drei wesentliche Dimensionen in diesem Modell:
1. die Profile der Teilnehmenden,
2. den Umgang mit Inhalten,
3. die Gestaltung der Beziehungen.

Eine Skizze der verbreiteten Vorstellungen von modernem Unterricht könnte man wie folgt zeichnen: Schülerinnen und Schüler haben ein Profil. Sie haben Stärken und Schwächen, Vorlieben und Interessen. Sie können einem bestimmten Lerntypus zugeordnet werden, einige Methoden entsprechen ihnen mehr, andere weniger. Dieses Profil, so ist allen Anwesenden klar, gestalten sie teilweise selbst: Sie sind in der Schule nicht sie selbst, sondern sie selbst *als* Schülerin oder Schüler. In der Freizeit oder in ihrer Familie zeigen sie manchmal andere Züge. Passive Schülerinnen oder Schüler können in einem Verein oder zuhause durchaus sehr engagiert sein. Die Haltung, die sie im Unterricht und in der Klasse zeigen, ist teilweise gewählt und ergibt sich teilweise aus anderen Umständen, etwa sozialen oder psychischen.

Die Lerninhalte kommen nicht nur von einer zentralen Instanz, der Lehrperson, sondern werden auch von Schülerinnen und Schülern eingebracht. Nicht alle Inhalte erreichen alle: Schnellere Lernerinnen und Lerner lassen gewisse Übungen aus und erhalten anspruchsvollere Aufgaben, Gruppen bearbeiten unterschiedliches Material und vermitteln es einander, Schülerinnen und Schüler können individuell Themen vertiefen und sie mit Portfolios oder Referaten verarbeiten. Ähnlich unterschiedlich sind die Arbeitsmethoden, sie entsprechen im besten Fall dem Profil der Schülerin oder des Schülers.

Erwartet wird, dass Schülerinnen und Schüler nicht nur von der Lehrperson, sondern auch voneinander lernen, dass die Kommunikation nicht im *Ping-Pong*-Stil mit einem frontal anwesenden Instruktor verläuft, sondern Redebeiträge aufgenommen und weitergeführt werden, dass das Lernen und die damit verbundene Kommunikation konstruktiv ist und das Wissen der Schülerinnen und Schüler zur Darstellung bringt. So sind in einem modernen Klassenzimmer verschiedene Sitzordnungen möglich. Tische und Stühle sind verschiebbar, weil je nach Aufgabe oder Tätigkeit neue Konstellationen nötig werden. Schülerinnen und Schüler verbinden sich zu sozialen Gruppen, schließen Freundschaften und können die Freizeit mit dem Leben in der Schule verknüpfen. Lernen und Leben können fließend ineinander übergehen.

Diese Skizze modernen Unterrichts entspricht den neuen Medien oder eben: Social Media. Teilnehmende haben ein Profil, das ihnen erlaubt, sich zu inszenieren: Ihre Interessen, ihre Kompetenzen, ihre Emotionen, ihr Aussehen, ihren sozialen Status, ihr Geschlecht, ihren Beruf. Diese Inszenierung ist nicht zwingend ein Abbild der Realität, sondern ermöglicht auch eine bewusste Differenz zum realen Sein einer Person.

Das Profil wird ergänzt durch Inhalte, welche von den Akteuren geteilt, erstellt oder konsumiert werden. Diese Inhalte sind auf allen *Social Networks*

Abb. 1: Profil, Inhalte und Beziehungen: Das Facebook-Profil des Autors.

direkt auf oder neben dem Profil sichtbar. Sie sind individuell gestaltbar: Zwei Profile unterscheiden sich immer über diese Inhalte und den Umgang damit.

Über diese Inhalte und die Profile wird ein Beziehungsnetz geknüpft. Man findet andere Profile mit ähnlichen Vorlieben, mit attraktiven Eigenschaften oder interessanten Inhalten. Es gibt keine Instanz, welche den Aufbau dieser Beziehungsstruktur steuert.

Man kann sich die Dimensionen Profil, Inhalte und Beziehungen gut am Beispiel einer neuen Präsenz auf einem sozialen Netzwerk vorstellen, zum Beispiel Facebook: Wer sich registriert, macht verschiedene Angaben zu seinem Profil. Daraufhin erscheint eine leere Seite, auf der Videos, Bilder, Statusnachrichten oder Links publiziert werden können. Das Profil ist, zusammen mit den Inhalten, die Basis dafür, sich mit anderen Benutzern zu verbinden und so Kontakte zu finden, die fortan automatisch über meine Inhalte und meine Profiländerungen informiert werden.

Die drei hier beschriebenen Dimensionen tauchen auch in Untersuchungen auf, die der Frage nachgehen, welchen Nutzen soziale Netzwerke für Menschen haben. Der Kommunikationswissenschaftler Dominik Leiner ist der Ansicht, dass neben dem Aufbau eines Profils, dem Zugang zu Informationen und der Pflege von Beziehungen auch der Unterhaltungsaspekt ein wesentlicher Anreiz für die Nutzung sozialer Netzwerke darstellt. Das ist naheliegend, aber ein Faktor, der im schulischen Umgang mit Neuen Medien nicht im Vordergrund stehen sollte. Aus pädagogischer Sicht ist es wichtig, darauf hinzuweisen, dass soziale Netzwerke Arbeitsinstrumente sind, deren Unterhaltungseffekt beim Lernen eintritt und nicht der Hauptgrund für die Wahl einer Lernumgebung sein kann (Leiner 2012, S. 112).

Komponieren, kuratieren und kommentieren

Der mit Social Media häufig gekoppelte Informationsüberfluss legt das Bild des Users nahe, der als Surfer nicht in Inhalte eindringt, sondern darüber hinweggleitet, sie nicht einmal mehr konsumiert, sondern mit dem Druck auf einen Knopf Beifall spendet und sein Halbwissen anderen Usern weitergibt. Dieses Bild ist zumindest unscharf.

Mit Bruno Latour ließe sich sinnvoller von der Tätigkeit des Komponierens sprechen. Latour entwickelt diesen Begriff in einem Vortrag mit dem Titel *Ein Versuch, das ›kompositionistische Manifest‹ zu schreiben*. Er bezieht sich auf Möglichkeiten, nach der Postmoderne über Fortschritt und Kritik nachzudenken und skizziert die Tätigkeit des Komponierens als anzustrebendes Ideal:

> Das Wort »Komposition« betont, dass Dinge zusammengesetzt wurden (lat. componere), während sie ihre Heterogenität beibehalten. Außerdem ist es mit dem Komponieren verbunden; es hat seine Wurzeln in der Kunst; es ist nicht allzu weit von »Kompromiss« entfernt, und so hat es einen gewissen diplomatischen Beigeschmack. Vor allem kann eine Komposition scheitern und so beibehalten, was im Gedanken des Konstruktivismus am wichtigsten ist. Sie lenkt so die Aufmerksamkeit weg vom irrelevanten Unterschied zwischen dem Konstruierten und dem nicht Konstruierten, zwischen dem Komponierten und nicht Komponierten, und stattdessen hin zum wichtigen Unterschied zwischen dem gut oder schlecht Konstruierten, gut oder schlecht Komponierten. Was komponiert wurde, kann jederzeit auch kompostiert werden. (Latour, 2010, 10)

Der Fokus beim Komponieren liegt hier darauf, dass es irrelevant ist, ob Inhalte selber konstruiert worden sind oder nicht. Wer auf Social Media aktiv ist, stellt Dinge nebeneinander, verbindet sie. Die eigene Leistung ist nicht das Erschaffen von Dingen, das kreative Texten, Filmen oder Musizieren, sondern die Verbindung verschiedener solcher Tätigkeiten miteinander und mit dem eigenen Profil. Komponieren bedeutet *Remix*.

Exemplarisch kann das am Netzwerk *Pinterest* gezeigt werden, einem sozialen Netzwerk, das 2011 den Durchbruch geschafft hat. In der eigenen Beschreibung auf der Startseite heißt es: »Pinterest lets you organize and share all the beautiful things you find on the web.«

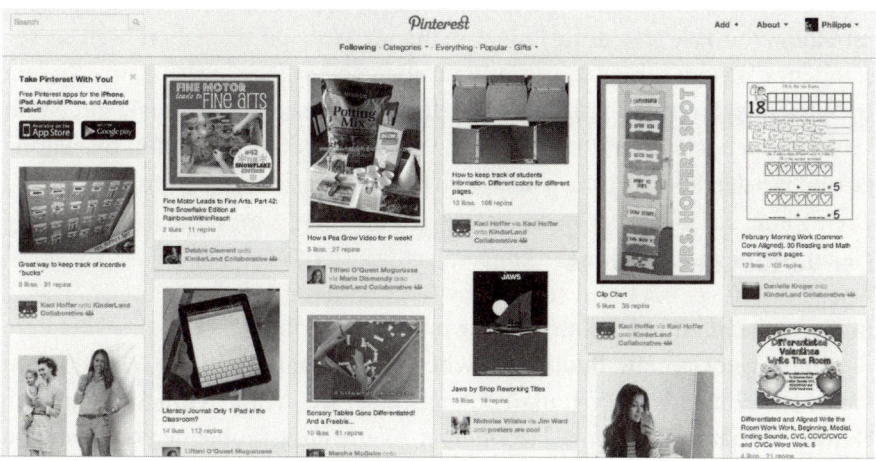

Abb. 2: Das soziale Netzwerk Pinterest.

Es geht also nicht darum, Inhalte zu schaffen, sondern Inhalte zu arrangieren. Im Journalismus wird diese Tätigkeit in Analogie zur Betreuung von Arbeiten in einem Museum »kuratieren« genannt. David Bauer (2011) fragt in einem Blogpost: »Jammerst du noch oder kuratierst du schon?« und führt aus:

> Kuration ist Journalismus. Genauer betrachtet ist sie zugänglich gemachte Recherchearbeit. Der Journalist sucht nach Quellen, die dabei helfen, ein Thema verständlich zu machen. Anstatt das dadurch gesammelte Wissen nur in verdichteter Form in einem eigenen Beitrag zu veröffentlichen, bietet es sich je nach Situation an, die Originalquellen zu kommentieren und direkt zugänglich zu machen.

Damit sind wir bei der dritten Tätigkeit: dem Kommentieren. Das Web 2.0 zeichnet sich dadurch aus, dass immer ein produktives Verhältnis zu Inhalten eingenommen werden kann. Kommentieren ist der Prototyp dieser Tätigkeit: Ich lese, höre oder sehe etwas und kann darauf reagieren – meist ebenfalls mit Text, Ton oder Bild. Meine Kommentare erscheinen oft auf meinen Social Media-Kanälen, auf Twitter oder Facebook. Damit schaffe ich eine Verbindung von meinem Profil zu diesen Inhalten, von diesen Inhalten hin zu anderen Profilen oder von verschiedenen Inhalten untereinander.

All diesen drei Tätigkeiten ist gemeinsam, dass sie bestehende Inhalte aufnehmen. Wichtig ist nicht, um bei Latour zu bleiben, die Konstruktion der Inhalte, sondern was man mit ihnen macht. Diese Erkenntnis aus Social Media lässt sich leicht auf die Bildung im 21. Jahrhundert übertragen: Auch hier kann Wissen im Sinne von Faktenkenntnis nicht mehr im Mittelpunkt stehen, weil so verstandenes Wissen schon da ist und nur noch abgerufen werden kann. Zudem ist Wissen viel weniger fest und wandelt sich permanent. Entscheidend ist für Lehrpersonen wie auch für Lernende, wie Inhalte gefunden und in Beziehung gesetzt werden können: Zueinander, zu den Lernenden und ihrer Umwelt.

Der Verlust des Raumes

In einem Band zur »Schularchitektur im interdisziplinären Diskurs«, bei dem die Herausgeberin, die Bildungsforscherin Jeanette Böhme (2009, S. 19), von einer »zunehmenden Territorialisierungskrise« der Schule ausgeht, schreiben Sandra Aßmann und Bardo Herzig über »Verortungsprobleme von Schule in einer Netzwerkgesellschaft«: »Schule ist nicht mehr abgegrenzt und nicht mehr abgrenzbar als Lernumfeld gegen klar definierte nicht-schulische Lernfelder« (Aßmann und Herzig, 2009, S. 61).

Diese Krise für ein Schulmodell, das auf der Idee der Kaserne basiert, wird besonders deutlich durch Social Media. Die Verbindung von Profilen, Inhalten und Beziehungen findet in einem virtuellen Raum statt. Es braucht keine physische Präsenz, um eine Diskussion zu führen, um Wissen zu vermitteln oder um zu lernen.

Social Media ist mobil und wird in Zukunft noch mobiler werden. Es gehört zu seiner Idee, dass es nicht an räumliche Beschränkungen gebunden ist, sondern sich in einer virtuellen Dimension abspielt, die mangels besserer Bezeichnungen »virtueller Raum« genannt wird.

Die Vorteile sind schnell erkennbar: Das Zurücklegen langer Wege ist unnötig, über räumliche Grenzen hinweg kommen Menschen miteinander in Kontakt und tauschen sich und ihre Inhalte aus. Damit ist auch ein zeitlicher Aspekt verbunden: Es ist nicht länger nötig, gleichzeitig an einer Aufgabe zu arbeiten oder gleichzeitig in einem Raum zu sein, um einen Lehrvortrag zu hören.

Theo Hug (2012, S. 42) spricht in der Analyse dieser Möglichkeiten von »transmedialen Bildungsräumen«, in denen »Medientechnologien und Kommunikationsmittel in einer Weise vernetzt sind, die zugleich kontrastierende Wahrnehmungen und medienübergreifende Sinnzusammenhänge ermöglicht und Bildungsprozesse befördert«.

Damit ist eine große Chance und ein Risiko verbunden: Die Chance ist, dass der Wohnort und das Umfeld von Menschen keinen Einfluss mehr darauf haben, mit wem sie kommunizieren können und welches Wissen ihnen zugänglich ist. Die traditionelle Organisation von Wissen sah vor, dass es an wenigen Orten große Bibliotheken gab und Expertinnen und Experten kaum zu sprechen waren. Die Aufhebung der räumlichen Dimension durchbricht diese Schranken. Gleichzeitig erfordert sie aber technische Mittel: Wer nicht in der Lage ist, (mobil) Daten aus dem Internet abzurufen, erfährt einen Nachteil, der kaum wettzumachen ist. Die räumliche Distanz wird von der digitalen Kluft abgelöst, geografische Unterschiede zwischen ohnehin Privilegierten werden kleiner, soziale und wirtschaftliche Unterschiede könnten aber gleichzeitig größer werden.

Auch auf der individuellen Ebene ist der gewonnene Freiheitsgrad ein zweischneidiges Schwert: Einerseits entstehen völlig neue, noch nicht gedachte Möglichkeiten der Organisation von Kommunikation und Lernen. Es stellen sich andererseits aber auch negative Effekte ein: Stets ist es möglich, den Kanal zu wechseln, wegzuzappen. Selbst wenn jemand vor Ort anwesend ist, kann die Person sich in der virtuellen Dimension entfernen, sich der Kommunikation oder dem Lernen entziehen.

Man kann nicht nicht bei Facebook sein

Ausgehend von der Einsicht, dass örtliche Entfernung irrelevant wird, kann man eine besondere Form der Vereinnahmung in der digitalen Sphäre beschreiben. Während die Überwachung von Menschen in der realen Welt physische Präsenz bedingt, ist es digital möglich, sie und ihre Daten von jedem Computer aus zu verfolgen. Diese Verfolgung leisten heute weitgehend Algorithmen, die ständig und ohne dass wir es bemerken könnten, Daten sammeln und zueinander in Bezug setzen.

Ein gutes Beispiel dafür ist die Struktur von Facebook. Das Netzwerk kann als eine Art Adressbuch verstanden werden: Nur erscheinen die Kontakte zusätzlich mit Bild, Statusangaben und weiteren Informationen. Facebook verzeichnet aber nicht nur die Daten, die User von sich preisgeben möchten.[1] In westlichen Ländern kann sich heute niemand Facebook entziehen. Zugespitzt gesagt: Jeder Mensch ist bei Facebook – nur wissen es einige nicht. David Bauer formuliert diese Überlegung in seinem Buch *Kurzbefehl* so:

> Selbst wer sich bei Facebook nie angemeldet hat, ist im Netzwerk erfasst. Facebook nutzt die Bequemlichkeit und die Sorglosigkeit seiner Mitglieder aus, um Daten über Nicht-Mitglieder zu sammeln. Facebook animiert seine Nutzer dazu, ihr persönliches Adressbuch bei Facebook hochzuladen, um so leichter Bekannte zu finden, die ebenfalls beim Netzwerk angemeldet sind. Bei diesem Vorgang werden von allen Kontakten im Adressbuch Daten bei Facebook gespeichert – Name, Telefonnummer, E-Mail-Adresse. Damit sind sie als Datenpunkt im Facebook-Universum erfasst. Wer so von fünf verschiedenen Bekannten Facebook ausgeliefert wird, ist innerhalb des Netzwerks sozial bereits ziemlich genau verortet. Das zeigt sich spätestens dann, wenn sich ein Nicht-Nutzer doch entschliesst, Facebook beizutreten und dieses ihm bereits treffsicher Freunde und Bekannte anzeigt. (Bauer, 2010)

Das bedeutet: Social Media sind nicht ein Kommunikationsmittel für eine digitale Avantgarde, sondern betrifft uns alle. Gerade auch deshalb, weil es sich um eine Art virtuellen Stammtisch handelt: Auf Social Media wird über alles geredet, auch über die Schule, auch über Lehrpersonen, auch über andere Schülerinnen und Schüler. Verweigern oder ignorieren versprechen als Haltungen wenig

---

1   Der österreichische Jurist Max Schrems geht aufgrund dieser Praxis gerichtlich gegen Facebook vor, er dokumentiert seine Bemühungen auf http://www.europe-v-facebook.org/.

Erfolg, weil es möglich ist, auch mit Menschen ohne Profil Verbindungen zu erzeugen oder Inhalte über sie zu publizieren.

Ein weiteres Beispiel: Facebook und andere soziale Netzwerke nutzen Technologien, mit denen auf Fotografien abgebildete Personen automatisch erkannt werden können. Das heißt: Sobald es im Internet auch nur ein Bild gibt, das einer bestimmten Person zugeordnet werden kann, können alle Bilder auf Social Media mit ihrem Namen verknüpft werden, selbst wenn sie in diesem Netzwerk gar nicht aktiv ist. Die immer wieder bemühten Geschichten von Menschen, die auf Partys betrunken auf dem Tisch tanzen und dann beim Vorstellungsgespräch deswegen einen schlechten Eindruck machen, betreffen also nicht nur die User von Social Media, sondern alle. Diese Einsicht ist erschreckend: Wir haben die Kontrolle darüber verloren, wo und wie unsere Daten abgespeichert werden.

Die Bedeutung der Privatsphäre

Die Ohnmacht, die aus dem Kontrollverlust der Datenverarbeitung resultiert, radikalisiert Christian Heller in seinem Buch über *Post Privacy* zu einer offensiveren Haltung. Sein Buch trägt den kokettierenden Untertitel »Prima leben ohne Privatsphäre«. Er bezeichnet die Privatsphäre als »Auslaufmodell«, nicht nur aus technischen Gründen. *Post Privacy* bezeichnet die Idee, dass der Verlust der Privatsphäre etwas Positives sein könnte, weil dadurch zum Beispiel auch Geheimnisse wegfallen, mit denen Menschen unter Druck gesetzt werden können, oder einseitige Verfügbarkeit von Informationen verunmöglicht wird, die Grundlage vieler Machtinstrumente ist.

Heller beschreibt den heutigen Zustand wie folgt:

> Kaum noch ein Raum oder eine Situation scheint sicher vor den Maschinen, die die äußere Welt in Datenfutter fürs Netz verwandeln. Langfristig wirksame Abwehrmöglichkeiten gegen die Vervielfältigung der Augen und Ohren um uns herum sind nicht in Sicht. Wenn morgen in jeder Brille und übermorgen in jedem Augen-Implantat eine Kamera mit Echtzeit-Übertragung in die globalen Infoströme eingebaut ist, wollen wir dann Brillen und Augen verbieten? (Heller, 2011, S. 19 f.)

Auf seinem Wiki hält Heller (2012) seinen Tagesablauf, seine Ausgaben, sein Konsumverhalten wie auch sexuelle Kontakte und viele weitere Angaben detailliert öffentlich fest. Das ist für viele Menschen ein Horrorszenario. Zu Recht schätzen sie es, Bereiche ihres Lebens ohne das Wissen anderer zu gestalten. Gleichzeitig gibt es aber kaum einen Bereich unseres Lebens, der nicht als Datensatz im Internet auftauchen könnte.

Ein drastisches Beispiel lieferte im Frühling 2011 das prominente Paar Shawne Fielding und Thomas Borer. Die ehemalige Schönheitskönigin und der ehemalige Schweizer Botschafter in Deutschland ließen sich scheiden. Es entstand ein Streit um das Sorgerecht für die Kinder, in dessen Verlauf Fielding private Details aus dem Leben von Borer auf ihrem Blog publizierte. Die Anwälte von Borer kamen zum Schluss, dass es »juristisch leider nicht möglich sei, Fielding die Veröffentlichung ehr- und persönlichkeitsverletzender Äusserungen für die Zukunft zu untersagen« (Binswanger, 2011).

Das bedeutet, dass wir alle damit rechnen müssen, dass (ehemalige) Freunde, Familienmitglieder oder andere Menschen unsere Privatsphäre verletzen und sensible Daten ins Internet stellen. Die schnelle Verbreitung über Social Media stellt dabei eine besondere Gefahr dar, weil so die Daten direkt mit Profilen in Verbindung gebracht und gefunden werden können. Zwar dürfen wir darauf vertrauen, dass das Privatleben der meisten Personen für die Öffentlichkeit kaum von Interesse ist. Aber allein die Tatsache, dass mögliche Verletzungen ein Publikum finden und erst nachträglich oder gar nicht gelöscht werden könnten, ist beunruhigend.

Diese Einsicht sollte uns nicht lähmen: Es ist nicht so, dass unsere Privatsphäre dauernd verletzt würde, nur weil sie verletzt werden könnte. Aber es ist für ihren Schutz irrelevant, ob wir Social Media nutzen oder nicht. So haben Schülerinnen und Schüler im Sommer 2012 für einen Lehrer ein Facebook-Profil erstellt, auf dem Videos von seinem Unterricht publiziert wurden. Er selber nutzt Facebook nicht und erfuhr erst bei einer späteren Recherche von diesem Schattenprofil, mit dem nicht zuletzt auch seine Privatsphäre verletzt wurde (Schneebeli, 2012).

Einer Auseinandersetzung mit Social Media kann heute niemand ausweichen. Einfache Rezepte zum Schutz der Privatsphäre gibt es nicht. Zu empfehlen ist ein reflektierter Umgang mit Neuen Medien: Wer ein positives, wünschenswertes Bild von sich selber abgibt, ist durch die Publikation von kompromittierenden Daten weniger gefährdet. Hätte der oben erwähnte Lehrer ein eigenes Facebook-Profil besessen, hätte niemand gedacht, das falsche könnte echt sein. Neben einem gepflegten Auftritt auf Social Media verschwinden missbräuchliche Einträge meistens schnell wieder und geraten in Vergessenheit. Wer aber problematische Einträge verfasst und unsorgfältig mit seiner Privatsphäre umgeht, bringt sich selber in Gefahr. Dieses pragmatische Vorgehen ändert nichts daran, dass die negativen Auswirkungen sozialer Netzwerke auch die treffen, die sie nicht nutzen. Die Möglichkeiten der Datenverarbeitung verändern die Grenze zwischen Privatleben und Öffentlichkeit – gerade auch deshalb, weil die Bereiche des Privaten nicht mehr örtlich, z. B. durch die eigene Wohnung, abgrenzbar sind. Privatsphäre bedeutet heute, die Kontrolle darüber zu haben, welche persönlichen Daten wie verwendet werden. Und ein nüchterner Blick auf das Web 2.0 legt nahe, dass diese Kontrolle zumindest temporär verloren gegangen ist. Die Privatsphäre ist dem Kontrollverlust zum Opfer gefallen.

Es wäre jedoch kurzsichtig, die Schuld dafür nur den Unternehmen zu geben. Letztlich sind es die User, die ihnen viele Daten ihrer Bekannten übermitteln. Fotos, Videos, Adressen und Telefonnummern werden – manchmal bewusst, oft unbewusst – hochgeladen und ermöglichen so eine Weiterverarbeitung durch leistungsfähige Programme.

Deshalb ist ein Bewusstsein wichtig, dass Daten immer auch die Privatsphäre Dritter betreffen. Christian Heller dokumentiert nur sein eigenes Leben: Andere Personen anonymisiert er vollständig: »21.10h-23.35h: mit x plaudern; in die GästeWohnung umziehen« (Heller, 2012, 21.10.2012).

Besonders wichtig ist der Schutz der Privatsphäre von Kindern: Eltern oder Schulen, die Fotos oder andere Inhalte von und mit Kindern ins Internet stellen, verletzen schnell die Rechte dieser Kinder und prägen ihr Bild im Internet vor. Wie der nächste Abschnitt zeigt, führt insbesondere die Tatsache, dass digitale Daten permanent vorhanden und zugänglich sind, in Kombination mit der Möglichkeit, sie anderen Kontexten zuzuordnen, dazu, dass große Vorsicht geboten ist. Auch wenn ein Bild heute auf einer Facebook-Seite unproblematisch erscheint, weiß niemand, in welchem Deutungszusammenhang es morgen oder in 20 Jahren anzutreffen ist und was es dort auslöst.

Die Veränderungen durch Social Media

Die Social-Media-Expertin Danah Boyd (2008) hielt in einer Rede die vier wesentlichen Aspekte fest, die in der Dynamik der sozialen Netzwerke markante Verschiebungen ausgelöst haben.

Permanenz:
Was wir sagen, bleibt erhalten, es verschwindet nicht wie in mündlichen Gesprächen. Das ist wichtig, um auch asynchron kommunizieren zu können, führt aber dazu, dass alle alten und damit überholten Äußerungen jederzeit wieder auftauchen können.

Kontextwechsel:
Äußerungen können durch einfache Kopierverfahren aus einem Kontext in einen anderen gesetzt werden. So können privat gemeinte Kommentare plötz-

lich für eine größere Öffentlichkeit auftauchen oder flapsige Statements von Politikerinnen und Politikern ohne Gesprächszusammenhang in der Zeitung zitiert erscheinen.

Skalierbarkeit:

Wir rechnen oft nicht mit großem Publikum. Viele Blogs werden kaum oder nur von wenigen Personen gelesen – das kann sich aber rasant ändern. Oft bekommt man für etwas, was man verstecken möchte, mehr Aufmerksamkeit als für das, was man publizieren will.

Auffindbarkeit:

Menschen und ihr Leben werden auffindbar. Einfache Suchmöglichkeiten erlauben uns das Abrufen von Informationen über Menschen, welche sie privat halten möchten.

Boyd beschreibt, was diese Eigenschaften ausgelöst haben. Aktivität erfolgt immer vor einem unsichtbaren Publikum. Niemand weiß, wer eine Facebook-Statusmeldung liest oder wer sie überhaupt zu Gesicht bekommt. Vielleicht geht sie in all den Strömen unter, wird von Facebook bewusst ausgeblendet, oder von meinen »Freunden« ignoriert. Es kann aber auch sein, dass sie von anderen vielfach geteilt wird, dass sie morgen in der Zeitung steht und von Massen wahrgenommen wird. Anders als in Gesprächen ist unklar, wer zuhört oder mitliest.

Damit hängt auch die Kollision von Kontexten zusammen. Ich weiß nicht, in welchen sozialen Zusammenhängen meine Äußerungen eine Wirkung entfalten. Entsprechend kann ich keine Rücksicht auf mein Publikum nehmen. Ich muss stets damit rechnen, dass meine Absichten missverstanden werden und so Konflikte zwischen verschiedenen Kontexten entstehen.

Die letzte wichtige Veränderung ist im vorhergegangenen Abschnitt bereits zur Sprache gekommen: Die öffentliche und die private Sphäre verzahnen sich. Eine räumliche Trennung ist nicht länger möglich und es ist schwierig zu kontrollieren, was privat bleibt und was öffentlich wird.

Sehr schön lässt sich das an journalistischen und juristischen Diskussionen ablesen, in denen darüber gestritten wird, welche Inhalte der Social Media publik gemacht werden dürfen. Die Frage, ob Inhalte von Twitter oder Facebook in Printmedien ungefragt veröffentlicht werden dürfen, wird immer wieder verhandelt und kann heute nicht abschließend beantwortet werden (Haupt, 2012). In der Schweiz besteht eine generelle juristische Unklarheit, ob geschlossene Facebook-Gruppen »öffentlich« sind oder nicht (Steiger, 2012). Es gibt in Social Media so etwas wie einen halb-öffentlichen Bereich: Inhalte sind zwar grundsätzlich öffentlich einsehbar (manchmal unter Umgehung kleiner technischer Hürden), werden aber in der Erwartung publiziert, dass sie nicht öffentlich genutzt werden.

Digitaler Dualismus

Ausgehend von der Beschreibung Boyds kann man sich nun dem Problem der virtuellen und der realen Welt zuwenden. Auch hier gibt es eine naive dualistische Position: Sie besagt, dass es neben der realen Welt eine virtuelle Scheinwelt gibt. Eine nahe liegende Kritik an Social Media verwendet diese Art von Dualismus, um festzuhalten, dass Facebook-Freunde keine echten Freunde seien, Konversationen auf Social Media keine echten Gespräche (Turkle, 2011), Aktivitäten in der virtuellen Sphäre generell eine Ablenkung von dem, was in der Realität wichtig ist.

Der Dualismus ist auch in Bezug auf unsere Persönlichkeit eine verbreitete Position: Er gibt vor, wir hätten eine feste Identität, die sich in der physischen Welt manifestiert (über unser Aussehen, unser Verhalten, unsere Eigenschaften etc.). In der virtuellen Welt präsentierten wir dann Facetten dieser Identität, eigentliche Zerrbilder, häufig versehen mit Pseudonymen oder Avataren. Auch hier wird schnell eine Bedrohung unserer Identität festgestellt: Durch die virtuelle Zersplitterung könnten wir uns verlieren, könnten vergessen, wer wir wirklich sind und wessen wir bedürfen.

Ich möchte der Vorstellung des digitalen Dualismus nun Alternativen gegenüberstellen. Eine Möglichkeit wäre es, festzustellen, dass das, was wir Realität nennen, in einem hohen Grad virtuell ist. Unser Hirn konstruiert grundsätzlich seine Außenwelt – genau so, wie das ein Computer tut. Wir sehen die Welt nicht als das, was sie ist, sondern wir stellen uns eine Welt vor und passen das Modell so an, dass unsere Interaktionen mit der Welt möglichst effizient sind. Genau so ist unsere Persönlichkeit in hohem Masse virtuell: Sie bestand nie aus einer Einheit, sondern wird bestimmt durch Erzählungen, Vorstellungen, Fiktionen, Auslassungen und Hinzufügungen. Als soziale Wesen präsentieren wir uns immer anderen Menschen, ganz ähnlich, wie das auf Facebook-Profilen passiert.

Man kann aber auch eine andere Perspektive einnehmen, wie das Nathan Jurgenson tut. Er spricht davon, dass das Virtuelle Teil der Realität ist und schon immer war. Digitale Technologien ermöglichen nun einfach eine erweiterte Realität, eine *Augmented Reality*. Seine These lautet:

> Eine Konzeptionalisierung und eine Theorie des Internets – und allgemeiner von Räumen und Orten – müsste wie folgt aussehen: Digitale und physische Realitäten konstruieren sich dialektisch gegenseitig. Nehmen wir als Beispiel soziale Netzwerke wie MySpace und Facebook: Sie sind nicht von der realen Welt zu unterscheiden, sondern haben damit zu tun – genau so wie die physische Welt mit digitalisierten sozialen Prozessen zu

tun hat. Wir können das »Reale« nicht länger als Gegensatz zu »Online« denken. Stattdessen brauchen wir ein Paradigma, das die Implosion der Welt der Bits und Atome in eine erweiterte Realität berücksichtigt. (Jurgenson, 2009, übers. von Ph.W.)

Um ein konkretes Beispiel zu geben: In den USA ist es bei Wohngemeinschaften zunehmend üblich, dass Neuewerberinnen und -bewerber ihr Facebook-Profil angeben müssen, damit überprüft werden kann, ob das, was sie von sich behaupten, wirklich stimmt. Damit trägt die virtuelle Sphäre dazu bei, eine reale Identität zu konstruieren. Ähnlich stellen sich Menschen der Netzgemeinde bei Treffen in der realen Welt häufig mit ihrem Twitter-Handle vor: Ihre Identität kann nur über ihre Profile auf sozialen Netzwerken markiert werden.

So überzeugend diese Feststellungen sind, so wichtig ist es, terminologisch genau zu bleiben. Auch Giorgio Fontana geht davon aus, dass die Opposition oder Dualität zwischen einer digitalen Sphäre und einer realen unhaltbar ist. Das heiße aber nicht, dass man nicht zwischen online und offline oder digital oder analog differenzieren könne. Zudem müsse man verschiedene Perspektiven unterscheiden:

»Real« kann heißen »zur Realität gehörend« (ontologisch), aber auch »authentisch« (ein realer Freund – Soziologie, Volkspsychologie etc.). Jurgenson hat recht, wenn er sagt, das Digitale sei dem Realen in beiden Bedeutungen nicht entgegengesetzt: Ein Gespräch auf Facebook oder Skype ist nicht weniger real und nicht weniger authentisch als ein *face-to-face*-Gespräch. Es ist radikal anders: Während die naive Sichtweise, es sei nicht authentisch oder nicht real, zurückzuweisen ist, sollte man genau prüfen, was die beiden Arten der Interaktion unterscheidet (Fontana, 2012).

Die Bedeutung dieser Analyse und dieser Fragen wird offenbar, wenn man sich vor Augen hält, was Luciano Floridi (2006) konstatiert hat: Wir sind die letzte Generation, welche eine klare Differenz zwischen online und offline denken und erleben kann.

Digitaler Dualismus wird verschwinden, weil die beiden Sphären sich nicht mehr unterscheiden lassen. Wir werden durch Brillen sehen, die unser Modell von der Realität mit Informationen ergänzen – und in der virtuellen Sphäre unsere Städte, Wohnungen und Mitmenschen auf eine ganz natürliche Art und Weise erleben; ähnlich wie heute zum Autofahren eine virtuelle Karte und die Stimme eines Programms gehören, die Orientierung ermöglichen. Das heißt nicht, dass wir über diese Erfahrungen und Seinsweisen nicht nachdenken sollten.

Intermezzo II:
Kontrollverlust und Filtersouveränität

Wie jede technische Innovation wurden auch die Möglichkeiten sozialer Vernetzung im Internet von Anfang an als Gefahr wahrgenommen. Fast zehn Jahre bevor Facebook erstmals im Netz auftauchte, lief in den Kinos ein Thriller mit Sandra Bullock in der Hauptrolle. *The Net* (Irwin Winkler, 1995) zeigt eine Computerspezialistin, die ihre Beziehungen und geschäftlichen Kontakte praktisch komplett übers Internet abwickelt. Dies führt im Lauf des Films dazu, dass sie die Kontrolle über ihren Besitz, ihr Leben, ihre Beziehungen und ihre Identität verliert: Ihre Kreditkarten sind ungültig, ihre Sozialversicherungsnummer einer vorbestraften Frau zugeteilt, ihr Haus verkauft. Das Internet wird von der effizienten Technologie zur lebensbedrohlichen Waffe, die sich gegen die Benutzerin wendet.

Diese düstere Hollywood-Vision bildet nicht die heutige Realität ab, zeigt aber, wie stark die Ängste sind, die mit der Gestaltung einer Online-Identität und der Pflege eines digitalen Beziehungsnetzes zusammenhängen. Wenn letztlich Daten festlegen, wer ein Mensch ist und mit wem er in Kontakt steht, dann scheint es naheliegend, dass diese Daten missbraucht werden könnten.

Kontrollverlust

Michael Seemann, ein deutscher Kulturwissenschaftler, der in seinen Arbeiten die gesellschaftlichen Veränderungen durch digitale Technologie nachzeichnet, fasst diese Zusammenhänge wie folgt zusammen:

> Die These vom Kontrollverlust besagt, dass wir zunehmend die Kontrolle über Daten und Inhalte im Internet verlieren. Betroffen ist jede Form der Informationskontrolle: Staatsgeheimnisse, Datenschutz, Urheberrecht, Public Relations, sowie die Komplexitätsreduktion durch Institutionen. (Seemann, 2011a)

Die Vorstellung von »informationeller Selbstbestimmung«, die viele Menschen haben und die auch rechtlich dokumentiert ist, hält den Möglichkeiten der Datensammlung, der Datenspeicherung und insbesondere der Datenverknüpfung nicht mehr länger stand. »Ein Kontrollverlust entsteht, wenn die Komplexität der Interaktion von Informationen die Vorstellungsfähigkeiten eines Subjektes übersteigt«, schreibt Seemann (2011b, S. 74). Er gibt dafür zwei Gründe an: Erstens bilden mobile und stationäre Aufzeichnungsgeräte die Welt heute digital ab; es gibt keine Handlung, die nicht zu einem Datensatz führen könnte. Zweitens ist es im Internet praktisch kostenlos möglich, Informationen weiterzugeben. Die Konstruktion des Internets ist dem Schutz von Daten entgegengesetzt, weil sie die Zirkulation von Daten erfordert.

Der Kontrollverlust wird in diesem Buch immer wieder mit Beispielen belegt: vom Ehepaar, dessen Privatleben nach der Kampfscheidung plötzlich Gegenstand öffentlicher Blogs wird, über den Lehrer, dessen Unterricht auf einem falschen Facebook-Profil mit Videos und Bildern lächerlich gemacht wird, bis zu jungen Frauen, die beim so genannten *Sexting* freizügige Bilder zunächst an ausgewählte Kontakte verschicken, von wo aus diese dann auf Pornoseiten gelangen.

Regierungen versuchen dem Kontrollverlust durch immer restriktivere Gesetzgebung in Bezug auf Internetkommunikation beizukommen. Nach dem Vorbild von China gibt es mittlerweile eine Reihe von Ländern, die Inhalte im Internet blocken und den freien Austausch von Informationen behindern. Die Organisation *Reporters Without Borders* zählt neben China elf weitere Länder zu den »Feinden des Internets«, 14 weitere Länder stehen unter Beobachtung, darunter auch Frankreich, Australien und die Türkei (Reporters Without Borders, 2012, S. 2). Bezeichnend ist, dass es in diesen Ländern für Expertinnen und Experten immer noch möglich ist, die Sperren zu umgehen und Informationen zu verbreiten. Bemühungen zur Kontrolle scheitern also selbst dann, wenn sie von Regierungen mit enormem Aufwand unternommen werden. Das heißt nicht, dass die Zensurbestrebungen nicht verheerende Folgen für die Grundrechte der Menschen in diesen Ländern hätten; aber es zeigt, dass der Kontrollverlust in der Internetkommunikation eine Tatsache ist, die nicht rückgängig zu machen ist.

Filtersouveränität

Diese Einsicht führt Seemann dazu, den Kontrollverlust zu akzeptieren und mit dem ethischen Konzept der *Filtersouveränität* zu koppeln.

> Die Freiheit des Anderen, zu lesen oder nicht zu lesen, was er will, ist die Freiheit des Senders, zu sein, wie er will. »Filtersouveränität«, so habe

ich diese neue Informationsethik genannt, ist eine radikale Umkehr in
unserem Verhältnis zu Daten. (Seemann, 2011b, S. 79)

Informationen sollten so mitgeteilt werden, dass andere in der Lage sind, Filter
einzusetzen. Werbefilter sind dafür ein praktisches Beispiel: Moderne Browser
ermöglichen die Installation von Zusatzprogrammen, die Werbung im Internet
komplett ausblenden (z. B. *AdBlock*). Soziale Netzwerke wie Facebook, Twitter
und Instagram zwingen User immer stärker dazu, sich auch Werbung anzuse-
hen, indem sie direkt in die Funktionalität der Werkzeuge eingebunden wird.
Wer die Dienste nutzen will, muss sich Werbung ansehen. Filtersouveränität
wird verhindert.

Würde man Seemanns Überlegungen auf die Schule beziehen, so müsste man
Schülerinnen und Schülern basierend auf der Einsicht, dass Lehrpersonen nicht
kontrollieren können, was mit ihren Inhalten und Inputs passiert, die Freiheit
gewähren, aus dem Informationsausgebot auszuwählen.

Filter, allgemein verstanden, ermöglichen die Suche nach erwünschten und
das Ausblenden von unerwünschten Inhalten. Sie sind deshalb wichtig, weil die
Speicherkapazitäten digitaler Medien heute die menschliche Fähigkeit, Daten
zu verarbeiten, bei Weitem übersteigen. Aus dieser Entwicklung lässt sich auch
ein Potenzial ableiten: Von Lehrerseite her kann jede Redundanz vermieden
werden. Lehrvorträge müssten einmal gehalten werden und wären dann immer
auffindbar und abrufbar. Dadurch könnten viel mehr interessante Referate zu
verschiedenen Themen entstehen. Eine Beschränkung auf ausgewählte Themen,
um Schülerinnen und Schüler nicht zu überfordern, wäre nicht nötig, da sie ja
ihre eigenen Filter einsetzen und derart Überforderung verhindern können. Im
Kapitel 4 wird näher erläutert, dass die Fähigkeit, Filter einzusetzen eine wesentliche Kompetenz im Umgang mit digitalen Medien darstellt.

Abschließend kann Miriam Meckel zitiert werden, die den Kontrollverlust
mit einer etwas anderen Terminologie präsentiert:

Ordnungen und Hierarchien verschwinden: In der Welt des Web 2.0
müssen wir uns daran gewöhnen, dass alte Ordnungen nicht mehr zäh-
len, Hierarchien keine Bedeutung haben und Formen spontan durch
dezentrale Vernetzung geprägt werden. […] Dadurch entsteht für den
an die Ordnungsdimensionen der analogen Welt gewöhnten Menschen
zunächst einmal Chaos, das es zu strukturieren gilt. Ein Beispiel: Wer eine
CD kauft, wird sie vermutlich an eine bestimmte Stelle in sein Musikregal
stellen. Die CD hat also einen Platz, der geografisch bestimmt ist und in
der Regel mit einer thematischen Zuordnung, wie etwa der Musikrich-

tung, verbunden wird. In der digitalen Welt kann jedes Musikstück verschiedenen Klassifikationen zugehören: dem MP3-Musikarchiv ebenso
wie den iTunes, der privaten Partyplaylist ebenso wie dem Musikordner,
in dem die Stücke verwaltet werden, die man beruflich für die Vertonung
von Hörspielen oder Fernsehbeiträgen braucht. Das Netz offeriert also
zunächst einmal Chaos. Daraus kann wiederum Kreativität und Innovation erwachsen, wenn es den Anwendern gelingt, die (Un-)Ordnung
des Web zu verstehen und produktiv zu nutzen. (Meckel, 2008, S. 22)

3. Wie Schülerinnen und Schüler *Social Media* nutzen

Junge Personen haben Wege gefunden, sich kreativ in ihrer digitalen Welt zu entfalten. So bieten die sozialen Netzwerke wie Facebook, in denen die Nutzer das Internet aktiv mitgestalten, viele Möglichkeiten, um sich mit eigenen Fotografien, Videos, Texten und Gedichten produktiv und phantasievoll einzubringen. Im Web 2.0 ist also weitaus mehr schöpferische Eigenleistung gefragt als beim rein passiven Konsum von Fernsehprogrammen. (Süss, zit. nach Müller 2012)

Diese positive Sicht auf die Medienaktivitäten Jugendlicher stammt vom Medienwissenschaftler Daniel Süss, der als Leiter der JAMES-Studie mit dem Umgang mit Medien bestens vertraut ist. Das Zitat steht in programmatischer Absicht am Anfang dieses Kapitels: Die Funktion von Social Media für Jugendliche soll hier ohne Vorurteile, aber auch ohne falsche Rücksichten dargestellt werden. Sie wird eingebettet in das Medienhandeln Jugendlicher, das verstanden wird als die zentrale Form von Orientierung in der Welt und der Erschaffung einer eigenen Identität. »Der Computer ist der Ort, an dem wir die Welt für uns herstellen. Und mit der Welt zugleich uns selbst«, schreibt Stephan Porombka (2012, S. 19). Die Aktivitäten junger Menschen auf Social Media können nicht isoliert, sondern nur zusammen mit ihrer gesellschaftlichen Rolle und ihren Strategien verstanden werden, in einer von Erwachsenen dominierten Welt eigenständig Beziehungen zu knüpfen und sich dadurch vom Einfluss der Erziehenden zu lösen.

Damit ist nicht gesagt, dass deren Einfluss zu vernachlässigen wäre. Jugendliche brauchen Hilfestellungen, Partnerinnen und Partner für Gespräche und auch Vorbilder, denen sie folgen oder von denen sie sich abgrenzen können. Erwachsene tragen viel medienpädagogische Verantwortung für die Entwicklung von Jugendlichen. Sie können diese vorantreiben, aber durch verzerrte Vorstellungen und übertriebene Ängste auch hemmen. Nur wenn sie verstehen, wie junge Menschen ihre mediale Realität erleben und sich darin verhalten, können Lehrpersonen und Eltern mit ihren medienpädagogischen Bemühungen erfolgreich sein.

Für ein realistisches Bild werden im Folgenden repräsentative Studien als

Datengrundlage herangezogen und durch Urteile von Personen ergänzt, die mit jungen Menschen kompetent über ihre Mediennutzung. An eine Darstellung der Gefährdung Jugendlicher durch den Gebrauch sozialer Netzwerke schließen pädagogische Hinweise für einen sinnvollen Aufbau der nötigen Kompetenzen an.

Ein wichtiger Text für das Verständnis der Aktivitäten von Jugendlichen soll einleitend etwas ausführlicher zitiert werden. »Wir, die Netz-Kinder« stammt vom polnischen Künstler und Informatiker Piotr Czerski (2012) und kann als Manifest gelesen werden:

> Wir sind mit dem Internet und im Internet aufgewachsen. Darum sind wir anders. Das ist der entscheidende, aus unserer Sicht allerdings überraschende Unterschied: Wir »surfen« nicht im Internet und das Internet ist für uns kein »Ort« und kein »virtueller Raum«. Für uns ist das Internet keine externe Erweiterung unserer Wirklichkeit, sondern ein Teil von ihr: eine unsichtbare, aber jederzeit präsente Schicht, die mit der körperlichen Umgebung verflochten ist.
>
> Wir benutzen das Internet nicht, wir leben darin und damit. Wenn wir euch, den Analogen, unseren »Bildungsroman« erzählen müssten, dann würden wir sagen, dass an allen wesentlichen Erfahrungen, die wir gemacht haben, das Internet als organisches Element beteiligt war. Wir haben online Freunde und Feinde gefunden, wir haben online unsere Spickzettel für Prüfungen vorbereitet, wir haben Partys und Lerntreffen online geplant, wir haben uns online verliebt und getrennt.
>
> Das Internet ist für uns keine Technologie, deren Beherrschung wir erlernen mussten und die wir irgendwie verinnerlicht haben. Das Netz ist ein fortlaufender Prozess, der sich vor unseren Augen beständig verändert, mit uns und durch uns. Technologien entstehen und verschwinden in unserem Umfeld, Websites werden gebaut, sie erblühen und vergehen, aber das Netz bleibt bestehen, denn wir sind das Netz – wir, die wir darüber in einer Art kommunizieren, die uns ganz natürlich erscheint, intensiver und effizienter als je zuvor in der Geschichte der Menschheit.
>
> Wir sind im Internet aufgewachsen, deshalb denken wir anders. Die Fähigkeit, Informationen zu finden, ist für uns so selbstverständlich wie für euch die Fähigkeit, einen Bahnhof oder ein Postamt in einer unbekannten Stadt zu finden. Wenn wir etwas wissen wollen – die ersten Symptome von Windpocken, die Gründe für den Untergang der Estonia oder warum unsere Wasserrechnung so verdächtig hoch erscheint – ergreifen wir Maßnahmen mit der Sicherheit eines Autofahrers, der über ein Navigationsgerät verfügt.

Wir wissen, dass wir die benötigten Informationen an vielen Stellen finden werden, wir wissen, wie wir an diese Stellen gelangen und wir können ihre Glaubwürdigkeit beurteilen. Wir haben gelernt zu akzeptieren, dass wir statt einer Antwort viele verschiedene Antworten finden, und aus diesen abstrahieren wir die wahrscheinlichste Version und ignorieren die unglaubwürdigen. Wir selektieren, wir filtern, wir erinnern – und wir sind bereit, Gelerntes auszutauschen gegen etwas Neues, Besseres, wenn wir darauf stoßen.

Für uns ist das Netz eine Art externe Festplatte. Wir müssen uns keine unnötigen Details merken: Daten, Summen, Formeln, Paragrafen, Straßennamen, genaue Definitionen. Uns reicht eine Zusammenfassung, der Kern, den wir brauchen, um die Information zu verarbeiten und mit anderen Informationen zu verknüpfen. Sollten wir Details benötigen, schlagen wir sie innerhalb von Sekunden nach.

Wir müssen auch keine Experten in allem sein, denn wir wissen, wie wir Menschen finden, die sich auf das spezialisiert haben, was wir nicht wissen, und denen wir vertrauen können. Menschen, die ihre Expertise nicht für Geld mit uns teilen, sondern wegen unserer gemeinsamen Überzeugung, dass Informationen ständig in Bewegung sind und frei sein wollen, dass wir alle vom Informationsaustausch profitieren. Und zwar jeden Tag: im Studium, bei der Arbeit, beim Lösen alltäglicher Probleme und wenn wir unseren Interessen nachgehen. Wir wissen, wie Wettbewerb funktioniert und wir mögen ihn. Aber unser Wettbewerb, unser Wunsch, anders zu sein, basiert auf Wissen, auf der Fähigkeit, Informationen zu interpretieren und zu verarbeiten – nicht darauf, sie zu monopolisieren.

Czerski spricht als Vertreter einer Generation, ein Begriff, den er sehr vorsichtig verwendet:

Indem ich das so schreibe, ist mir bewusst, dass ich das Wort »wir« missbrauche. Denn unser »wir« ist veränderlich, unscharf – früher hätte man gesagt: vorläufig. Wenn ich »wir« sage, meine ich »viele von uns« oder »einige von uns«. Wenn ich sage »wir sind«, meine ich »es kommt vor, dass wir sind«. Ich sage nur deshalb »wir«, damit ich überhaupt über uns schreiben kann.

Die Frage der Generation und ihrer Selbst- und Fremdwahrnehmung muss vor einer Analyse der Kommunikationspraktiken Jugendlicher etwas eingehender geprüft werden.

Fremd- und Selbstwahrnehmung der digitalen Jugend

Bei der Analyse der Verwendungsweise von Social Media wird häufig auf Generationenunterschiede verwiesen: Während Jugendliche heute selbstverständlich mit technischen Hilfsmitteln und der Vernetzung umgehen lernten, müssten Erwachsene in aufwendigen Lernprozessen diese neuen Möglichkeiten erst kennen und benutzen lernen.

Die Vorstellungen einer automatischen und selbstverständlichen Aneignung von technischer Kompetenz manifestiert sich in der Rede von *Digital Natives*. Wenn Jugendliche heute von Erwachsenen – und damit auch von Lehrpersonen – als *Digital Natives* wahrgenommen werden, weil sie seit ihrer Kindheit digitale Kommunikationsmittel nutzen, führt das zu einer Hemmung, technische Kompetenzen zum Thema zu machen, weil erwartet wird, die Lernenden seien mit allen Möglichkeiten grundsätzlich schon vertraut und bräuchten keine Hilfestellung oder Instruktion.

Die Figur *Digital Native* weist aber paradoxe Züge auf, wie Andreas Pfister und Philippe Weber im Rahmen einer Befragung von Gymnasiastinnen und Gymnasiasten zu Konsum und Wertung von medialen Inhalten festgestellt haben:

> Während man Jugendlichen auf der Ebene des technischen Know-hows alles Mögliche zutraut, wird ihnen zugleich eine kolossale Naivität den Medien gegenüber unterstellt. Der jugendliche Frohmut mache sie blind gegenüber den eigentlichen Kräften, die hinter der Technik lauerten. (Pfister und Weber, 2012a)

Die Figur, so Pfister und Weber, sei für die Gesellschaft deshalb so wichtig, weil Jugendliche als »Vorhut des Fortschritts« verstanden würden. Dieser Fortschritt bringe zwar immer mehr technische Möglichkeiten mit sich, bewirke aber auch eine naive Unbedarftheit, eine Weigerung, die Auswirkungen dieser Möglichkeiten zu reflektieren. Sowohl die positiven wie auch die negativen Seiten des Fortschritts werden, einem kulturgeschichtlich etablierten Muster folgend, den Jüngsten zugeschrieben, die moderne Kommunikationsmittel nutzen.

Die nicht repräsentative Umfrage der beiden Gymnasiallehrer zeigt jedoch, dass die Realität von dieser Projektion abweicht, und das im doppelten Sinne: Weder verfügen Jugendliche automatisch über die für Internetkommunikation nötigen Kompetenzen, noch agieren sie unreflektiert. Den ersten Teil dieser Beobachtungen kann man auch mit den Aussagen belegen, welche die Jugendlichen selbst machen, wenn sie gefragt werden, warum Jugendliche »perfekt mit modernen Medien« umgehen könnten:

> Weil sie mit dem aufwachsen, und viele es auch direkt verstehen. /
> […] es ist einfach selbstverständlich für die Digital Natives. /
> […] sobald man damit aufwächst, fühlt man sich wie zuhause. (Pfister
> und Weber, 2012b)

Die Antworten verweisen auf einen Automatismus, der nicht weiter begründet werden kann. Medienkompetenz scheint durch die Benutzung von Geräten zu entstehen, auf die vielfach Bezug genommen wird, wobei auffallend häufig die konkrete Kompetenz nicht genannt oder umschrieben wird. Sie scheint mit dem Besitz und dem Einsatz von Geräten zu verschmelzen.

Pfister und Weber halten als Ergebnis der Umfrage die Beobachtung fest, dass Jugendliche Neue Medien zweckgebunden nutzen. Ihre Lebenswelt ist nicht mit der virtuellen verschmolzen, wie man denken könnte. Vielmehr sehen sie in Social Media eine Möglichkeit, Beziehungen zu pflegen und Informationen auszutauschen. Damit unterscheiden sie sich in ihrer Mediennutzung nicht wesentlich von Erwachsenen. (Oder teilweise eben doch: Ältere Nutzerinnen und Nutzer von Social Media glauben oft, in der Benutzung sozialer Netzwerke einen Selbstzweck verfolgen zu müssen. In den letzten Jahren haben sich viele Erwachsene aus Modegründen bei Facebook angemeldet, obwohl sie keinen Bedarf an digitalen Kommunikationsmitteln haben. Aus solcher Bedarfslosigkeit erwachsen dann Urteile wie: »Facebook kann keine echten Freundschaften schaffen« oder »Warum sollte ich Alltäglichkeiten twittern?«)

Produktion und Konsum medialer Inhalte ist für Jugendliche nichts Selbstverständliches, sondern wird oft differenziert und in einem historischen Kontext betrachtet. Trotz einer gewissen Unbekümmertheit können sie die Qualität und den Gehalt medialer Produkte beurteilen.

Die Beherrschung digitaler Technik lernen Jugendliche auch heute noch vielfach von Erwachsenen und nicht per se autodidaktisch. Dieses Resultat bestätigt neben der genannten Umfrage auch die JIM-Studie 2012, die das Mediennutzungsverhalten Jugendlicher repräsentativ erhebt:

> Die Ergebnisse zeigen, dass die Aufklärung im Bereich Medienkompetenz von Jugendlichen durchaus angenommen wird und sich sowohl in ihrem Medienwissen als auch im konkreten Nutzungsverhalten niederschlagen kann. (Medienpädagogischer Forschungsverbund Südwest, 2012, S. 19)

Deutlich über die Hälfte der Jugendlichen gibt an, dank Medienkompetenzvermittlung an der Schule »Themen wie Internet, Handy, Communities oder

Datenschutz« besser zu verstehen, knapp ein Drittel ändert sein Verhalten bei der Mediennutzung dank medienpädagogischer Bemühungen Erwachsener.

Diese Beobachtungen sind für das Verständnis der Situation von Schülerinnen und Schülern entscheidend: Jugendliche sind durch die Rede von *Digital Natives* mit Rollenvorgaben konfrontiert, die sie häufig nicht erfüllen, und zwar im positiven wie negativen Sinn. Sie können den Informationsgehalt und -wert von Medien besser einschätzen, als die Rolle vorgibt, sind andererseits aber wie Erwachsene in der Benutzung technischer Hilfsmittel auch manches Mal überfordert und brauchen dabei Hilfe.

Jugendliche schlüpfen selber gerne in die angebotene Rolle der *Digital Natives*. Diese Identifikation ist aufschlussreich, weil die Selbstwahrnehmung den tatsächlichen Umgang der Jugendlichen beeinflusst und vielleicht zu jener unbekümmerten Praxis führt, die oft festgestellt wird, meist aber auf den zweckgebundenen Einsatz von Kommunikationsmitteln beschränkt ist.

Das Bild vom jugendlichen Umgang mit Medien prägt den Wandel zur digitalen Gesellschaft mit. Eine Entmystifizierung der Wahrnehmung von Jugendlichen könnte demnach auch eine Chance sein, den digitalen Wandel pragmatischer anzugehen: Als Mitgestaltung einer künftigen Mediennutzung jenseits von Heilserwartungen und Horrorvisionen.

Jugendliche übernehmen in Bezug auf Medienkompetenz oft Haltungen und Wertungen von Erwachsenen – gerade wenn sie von diesen befragt werden. Die Untersuchung von Pfister und Weber fragt nach einem Vergleich der Glaubwürdigkeit von Tagesschau, »20 Minuten« (eine Schweizer Gratiszeitung) und einem »privaten Blog zum Thema Politik der USA«. Fast alle Befragten halten die Tagesschau für das glaubwürdigste Medium, ein Viertel setzt den Blog auf Platz zwei, drei Viertel die Gratiszeitung. Auch diese Ergebnisse der Untersuchung von Pfister und Weber lassen sich mit der aktuellen JIM-Studie belegen. Dort attestieren Jugendliche Zeitungen die höchste Glaubwürdigkeit (in Deutschland gibt es keine nationalen Gratiszeitungen), Fernsehbeiträgen die zweithöchste, dem Internet die geringste. Allerdings gestehen Gymnasiastinnen und Gymnasiasten sowohl dem Internet als auch der Presse eine höhere Glaubwürdigkeit zu als ihre Altersgenossen in Real- und Hauptschulen (Medienpädagogischer Forschungsverbund Südwest, 2012, S. 19).

Die Haltung, die Tagesschau sei ein hochwertigeres Produkt als »Blogs«, ist sehr verbreitet, aber undifferenziert: Schlechten Tagesschaubeiträgen stehen hochwertige Blogposts gegenüber – und umgekehrt. Gerade die Figur Digital Native und die damit verbundenen kulturpessimistischen Befürchtungen hindern Jugendliche heute daran, Medien jenseits des Gegensatzes von analog und digital nach sinnvollen Kriterien zu beurteilen. Zumindest teilweise ahmen sie die Haltungen der Erwachsenen nach, wie auch die JIM-Studie zeigt. So erfüllen sie die Erwartungen ihrer Bezugspersonen.

Eine genauere Kenntnis der Praxis von Jugendlichen im Internet hilft gerade Erziehenden dabei, sie beim Erlernen eines reflektierten Umgangs mit Medien zu begleiten und Vorurteile zu überwinden. Auf Twitter hielt eine Lehrperson im Herbst 2012 die Beobachtung fest, Eltern würden davon ausgehen, dass sich ihre Kinder in Bezug auf Medien hauptsächlich unlimitierten Internetzugang wünschen. Ihre Reaktion formulierte sie wiederum als Tweet:

> Präsentiere ihnen [= den Eltern] dann Antworten ihrer Kinder: ernstgenommen werden, auch mal loben, echtes Interesse zeigen. Macht sie sehr nachdenklich. (Lammert, 2012a)

Die folgenden Abschnitte folgen dem Wunsch der Jugendlichen: Sie nehmen sie ernst und schenken ihnen echtes Interesse.

Mediennutzung von Jugendlichen in der Freizeit

Die Schule ist ein Raum, in dem Jugendliche ihr Leben gestalten, und steht so in einer Beziehung zu den anderen Räumen, in denen sie sich bewegen. Das gilt ebenso für den Umgang mit Medien und Kommunikationsmitteln, die auch in anderen Kontexten im Leben von Jugendlichen präsent sind. Für die Medienpädagogik ist es relevant zu verstehen, wie Jugendliche in ihrer Freizeit oder bei selbstorganisierten Aktivitäten Medien nutzen.

In einer Rede auf einem Medienkongress fasste der Internetexperte Nico Lumma im Herbst 2012 das Kommunikationsverhalten Jugendlicher in Neuen Medien wie folgt zusammen:

> Aufstehen, chatten, Schule, chatten, Film runterladen, dabei chatten, etwas spielen online, den Film gucken, dabei chatten, Abendessen, Musik hören, chatten, Bett. Natürlich ist meine Darstellung jetzt etwas verkürzt wiedergegeben, aber bei den Jugendlichen war klar, dass sie stets mit anderen kommunizieren, während sie Dinge tun. (Lumma, 2012).

Auch Johnny Haeusler, der zusammen mit seiner Frau Tanja ein Buch über die Erziehung von Jugendlichen im Zeitalter digitaler Kommunikation geschrieben hat, sieht ihre Mediennutzung ähnlich:

> Es ist tatsächlich eine Art Fortsetzung der früheren Dauertelefonate. Und

wenn wir ehrlich sind, ist es schon ziemlich cool, nach der Schule mit den Freunden weiter im virtuellen Pausenhof herumzustehen. Dabei wollen unsere Kinder online nicht in erster Linie Fremde kennenlernen, sondern mit einem festen, engen Freundeskreis in Verbindung bleiben. (Haeusler und Haeusler, zit. nach Schnitzler 2012)

Die gesellschaftliche Aufgabe von Jugendlichen ist es, im Aufbau eigener Beziehungen eine Identität auszubilden und sich so vom Einfluss der Eltern zu emanzipieren. Die Voraussetzungen dafür sind oft paradox: Eltern und andere an der Erziehung Beteiligte erkennen leicht Gefahren, denen sich Jugendliche aussetzen. Im Bestreben zu schützen, verhindern sie den Aufbau der Fähigkeit, Risiken selbst einschätzen zu können und eigene Handlungen zu verantworten.

Das gilt auch für Social Media, insbesondere für den Bereich der Privatsphäre, der im nächsten Abschnitt diskutiert wird. Die Bedeutung von Social Media für Jugendliche beschreibt die amerikanische Forscherin Danah Boyd in ihren Arbeiten extensiv. Sie geht von der Feststellung aus, dass für Jugendliche »networked publics« (vernetzte öffentliche Räume) eine entscheidende Bedeutung haben (Boyd und Marwick, 2011). Diese Räume sind dadurch gekennzeichnet, dass sie leicht zugänglich sind und sich viele Menschen darin versammeln können, die zudem eine gemeinsame Perspektive auf die Welt und eine gemeinsame Identität haben. Boyd und Alice Marwick halten fest, dass »networked public« zwei Bedeutungen umfasse: Einerseits die öffentlichen Räume, die durch Netzwerke entstehen (also z. B. Facebook oder Twitter), andererseits die Gemeinschaft, die sich durch eine kollektive Identität auszeichnet (also die Gruppen, die sich auf Facebook verbinden).

Für Jugendliche sind die Räume von großer Bedeutung, in denen sie fern vom Einfluss der Eltern Freunde treffen und von anderen Jugendlichen getroffen werden können. Sie begegnen sich oft in der Öffentlichkeit, also beispielsweise auf Plätzen oder in Shopping Malls, weil dort die Wahrscheinlichkeit am größten ist, weitere Freunde zu sehen, die für einen wichtig sein könnten. Dabeizusein und dazuzugehören ist für die meisten Jugendlichen bedeutsam.

Social Media sind ein öffentlicher Raum, der viele Bedürfnisse von Jugendlichen erfüllt. Es ist nicht nur möglich, andere dort anzutreffen und mit ihnen zu plaudern (auch halb-öffentlich oder privat), man zeigt sich auch und kann gesehen werden. Gleichzeitig entsteht ein großer Sog. Eine Präsenz auf dem richtigen sozialen Netzwerk ist für Jugendliche oft obligatorisch. Boyd zitiert in ihren Referaten immer wieder eine 18-Jährige, die ihr gesagt hat: »If you're not in MySpace, you don't exist.« (Boyd und Marwick, 2011, S. 8). Das fast zwanghafte Bedürfnis dazuzugehören ist dabei nichts, was Social Media auszeichnen

würde, sondern ein Charakteristikum der Jugend: Gerade weil die Lösung von
der eigenen Familie und von den Eltern bewältigt werden muss, ist der Aufbau von Beziehungen, das Dazugehören und die gegenseitige Wahrnehmung
so entscheidend. Das lässt sich auch an einzelnen Praktiken wie dem Verschicken von Gute-Nacht-Nachrichten, dem Kommentieren von Bildern auf sozialen Netzwerken und dem Austausch in Chats ablesen: Sie spiegeln soziales Verhalten und Umgangsformen, die eine lange Geschichte haben, sich aber auch
immer gewandelt haben.

Jugendliche sind auf Social Media so präsent, weil sie Jugendliche sind –
nicht, weil sie durch die Technik manipuliert werden. Diese Erkenntnis hilft
dabei, Praktiken neutral zu beurteilen. Eltern und Lehrpersonen tun gut daran,
nachzufragen, wie Jugendliche handeln und was sie sich dabei überlegen. Liest
man die Beispiele, die Danah Boyd in ihren Texten zitiert, dann bemerkt man,
wie wenig Außenstehende auf den ersten Blick verstehen. Oft wird die Dazuge-
hörigkeit dadurch demonstriert, dass kodierte Botschaften verwendet oder die
Kenntnis von Zusammenhängen oder gemeinsamen Erlebnissen vorausgesetzt
werden, um Handlungen zu verstehen. So kann der Einsatz von Pronomen –
»Wie ich sie hasse!« – in Statusmeldungen dazu führen, dass nur Eingeweihte
verstehen, worum es geht. So genannte *Memes* sind wiederum mit Bedeutung
aufgeladene Text-Bild-Kombinationen, die ganz gezielte Aussagen ermöglichen.

Abb. 3: Meme: Verbindung von Text und Bild mit spezifischer Aussage.

Johnny und Tanja Haeusler halten in ihrem Buch fest, dass der Medienwandel
auch von Erwachsenen die Entwicklung neuer Normen im Umgang miteinander
erfordere. Jugendliche stehen damit einer doppelten Schwierigkeit gegenüber:
Sie müssen Verhaltensregeln lernen, die sich im Wandel befinden.

Mit neuen Medien müssen auch Erwachsene neue Verhaltensregeln lernen. Früher hat man sich übers Handyklingeln noch aufgeregt. Heute ist
es üblich, sich bei wichtigen Anrufen zu entschuldigen, aber vom Tisch

aufzustehen, damit man die anderen nicht zum Schweigen zwingt. Für
Kinder ist das noch schwieriger, da sie erst dabei sind, Normen für den
Umgang mit anderen zu erlernen. Und schon sind wieder die Eltern
gefragt. (Haeusler und Haeusler, zit. nach Schnitzler 2012)

Mediennutzung in Zahlen

Konkrete Daten zur Mediennutzung in der Freizeit liefert in Deutschland die
JIM-Studie (Jugend, Information, (Multi-)Media) des Medienpädagogischen For-
schungsverbunds Südwest und in der Schweiz die JAMES-Studie (Jugend, Aktivitäten, Medien – Erhebung Schweiz) der Zürcher Hochschule für Angewandte Wissenschaften ZHAW. Beide Projekte sind als Langzeitstudien angelegt und dienen
der Beobachtung eines Medienwandels. Ihre Anlage und ihre Ziele sind ähnlich,
soweit das die Gegebenheiten zulassen. Der Fokus der Studien liegt momentan auf
der mobilen Internetnutzung, die für Jugendliche von besonderer Bedeutung ist.

Die Studien zeigen, dass fast alle Jugendlichen in der Schweiz und in Deutschland Zugang zum Internet haben. Handys und Computer sind die beiden am
häufigsten genutzten Medienzugänge und die am häufigsten angegeben medialen Freizeitbeschäftigungen. Sie beanspruchen heute pro Tag bei Jugendlichen
deutlich über zwei Stunden, wenn man Schularbeiten und Freizeitaktivitäten
kombiniert.

In der JAMES-Studie 2010 gab rund die Hälfte der Jugendlichen an, mehrmals pro Woche in Sozialen Netzwerken zu stöbern, in der JIM-Studie 2012 liegt
dieser Anteil bei den über 14-Jährigen deutlich über 60 %. Musik hören und
Videos anschauen sind für Jugendliche im Internet wichtiger als Social Media,
wobei viele Video- und Musikportale mit Social Media-Funktionen ausgestattet sind und Musik und Videos oft über soziale Netzwerke verbreitet werden.

Soziale Netzwerke bedeuten für Jugendliche hauptsächlich Facebook, das
auch benutzt wird, um die Inhalte aus anderen Plattformen zu teilen. Die wichtigsten Facebook-Nutzungsarten dienen alle der Kommunikation mit Peers:
Nachrichten schreiben, Chatten, auf die Pinnwand schreiben (d. h. öffentliche
Nachrichten schreiben) oder nach Kontakten suchen. Die Zahl der so genannten Freunde, also Kontakte auf Facebook, erhöht sich bei Jugendlichen recht
schnell: Waren es in Deutschland 2010 im Durchschnitt noch 160, sind es 2012
schon 270. Dabei ist wichtig zu verstehen, dass Facebook Inhalte stark selektiv darstellt: Wer 270 »Freunde« hat, sieht im so genannten *Newsfeed* nur die
Inhalte derjenigen, mit denen er oder sie regelmäßig interagiert.

Die Aussage, der Gebrauch von Social Media in der Freizeit diene Jugendlichen hauptsächlich dazu, mit Freunden in Verbindung zu treten und zu blei-

ben, lässt sich also durch repräsentative Umfrageergebnisse erhärten. Sie zeigen auch eine Tendenz zur mobilen Nutzung des Internets, die ebenfalls der Kommunikation dient, aber mit Gefahren verbunden ist:

> Die Ergebnisse der JIM-Studie 2012 zeigen, dass die Medienwelt der Jugendlichen – trotz großer Kontinuität zum Beispiel bei der Nutzung von Fernsehen, Radio und Büchern – auch sehr dynamisch ist. Die aktuell stark ansteigende Nutzung von mobilem Internet macht deutlich, dass auch hier Rahmenbedingungen geschaffen werden müssen, die dem Jugendschutz und den Bedürfnissen von Jugendlichen gerecht werden. Während bei Computern technische Vorkehrungen, Jugendschutzprogramme und Filter zumindest einen gewissen Schutz vor ungeeigneten Inhalten gewährleisten, gilt es entsprechende Möglichkeiten für Smartphones und die mobile Internetnutzung noch zu entwickeln. (Medienpädagogischer Forschungsverbund Südwest, 2012, S. 67).

Die Tendenz zur mobilen Nutzung macht auf etwas aufmerksam, was auch für die Social-Media-Nutzung am Computer gilt: Die Möglichkeit, jugendliche Nutzerinnen und Nutzer zu schützen, ist oft eine Illusion zur Beruhigung Erwachsener. Jugendliche müssen heute schon die Verantwortung für das übernehmen, was sie im Internet sehen: Weil sie theoretisch alles sehen können.

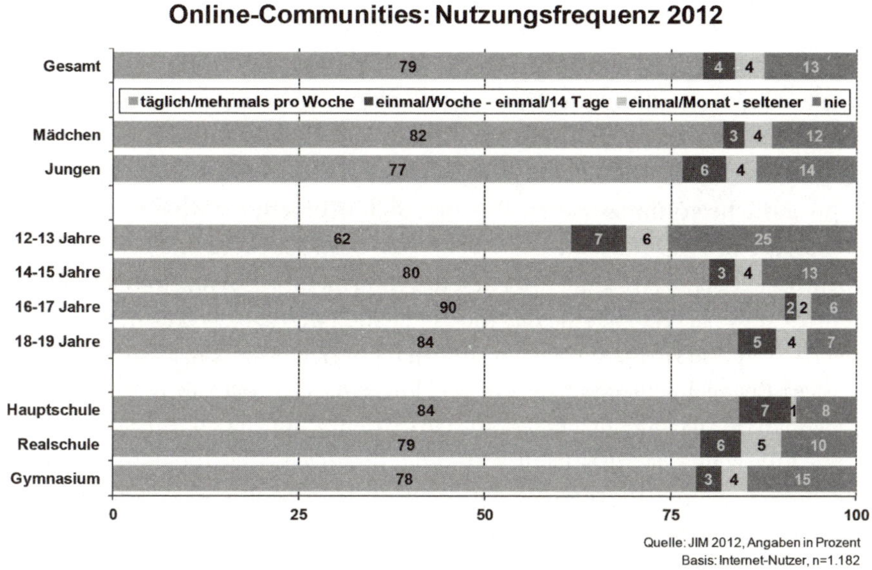

Abb. 4: JIM-Studie 2012, Funktionen von Online-Communities.

Umgang von Jugendlichen mit Privatsphäre in Social Media

Im Anschluss an die im letzten Abschnitt gemachten Feststellungen zu den Eigenschaften von öffentlichen Räumen, in denen Jugendliche Gemeinschaften aufbauen, kann ihr Verständnis von Privatsphäre analysiert werden. Danah Boyd begreift Privatsphäre nicht als juristisches Konzept, sondern als eine soziale Norm, die immer wieder neu ausgehandelt wird (Boyd und Marwick, 2011). Jugendliche kennen selten völlig private Räume, sie teilen Zimmer oder müssen damit rechnen, dass ihre Eltern sich aus verschiedenen Gründen Zutritt zum Zimmer verschaffen. Diese grundlegende Erfahrung führt dazu, dass sie Privatsphäre als Kontrolle des Informationsflusses oder als Kontrolle der sozialen Situation verstehen. Privat sind für Jugendliche die Informationen, von denen sie bestimmen können, wer sie in welchem Kontext erhält und was damit geschieht. Wie schon in Bezug auf die Figur des *digital native* festgehalten wurde, sind Jugendliche auch in Bezug auf ihre Privatsphäre mit paradoxen Verhaltensweisen der Erwachsenen konfrontiert: Einerseits beklagen sie, dass Jugendliche sich nicht um ihre eigene Privatsphäre kümmern würden und Informationen zu freizügig publizierten, andererseits verletzen sie die Privatsphäre von Jugendlichen systematisch, meist in der Absicht, sie zu schützen.

Dabei würde, so Boyd, Zugänglichkeit und Öffentlichkeit verwechselt. Jugendliche haben klare Vorstellungen von Vertrauen und vom Umgang mit Informationen. Ihre soziale Position sowie die Architektur von Netzwerken hindern sie aber oft daran, den Fluss von Informationen zu kontrollieren: Ihre Eltern und Lehrpersonen haben Rechte an ihren Daten und tauschen sie oft ohne ihr Einverständnis aus. Viele Netzwerke erschweren den Schutz der Privatsphäre systematisch und bewusst. Nur mit viel Know-how und großem Aufwand lässt sich beispielsweise die Privatsphäre auf Facebook wirksam schützen.

Jugendliche kommunizieren aber dennoch in einem für sie klaren Kontext, sie wissen, für wen Informationen oder Daten bestimmt sind und für wen nicht. Sie entwickeln eine Art implizite Ethik des Informationsflusses, können sie aber oft nicht so umsetzen, wie sie das möchten, auch deshalb, weil es sich um Normen handelt, die sie nicht selbst bestimmen können. Man kann das mit einem analogen Beispiel verdeutlichen: Nur weil Eltern das Tagebuch ihrer Kinder lesen könnten, heißt das nicht, dass sie es lesen dürfen. Dasselbe gilt für soziale Netzwerke: Eltern zwingen ihre Kinder oft dazu, ihnen Zugang zu ihren Profilen zu gewähren; Lehrpersonen können auf den Facebook-Profilen ihrer Schülerinnen und Schüler oft Informationen finden, die klar privat sind. Wenn also Erwachsene sich Zugang zu als privat markierten Informationen verschaffen können, dürfen sie diese Informationen nicht als öffentliche betrachten.

Die Verwechslung von Zugänglichkeit und Öffentlichkeit basiert auch auf technischen Möglichkeiten: Auch in analogen Gesprächen wäre es möglich, private Informationen öffentlich zu machen, aber es würde erstens soziale Normen verletzen und ist zweitens technisch schwierig zu bewerkstelligen. Analoge Kommunikation ist im Normalfall privat und muss mit viel Aufwand öffentlich gemacht werden. Die Struktur der sozialen Netzwerke und die Absichten der Jugendlichen führen aber nach Boyd dazu, dass das analoge Muster umgekehrt wird: Sie kommunizieren im Normalfall öffentlich und verwenden ihre Anstrengungen darauf, bestimmte Informationen auszuschließen und nur privat zugänglich zu machen. Die öffentliche Form der Kommunikation meint aber nicht, dass sie alle etwas anginge, sondern vielmehr, dass sie die etwas angeht, von denen innerhalb der bestehenden sozialen Normen erwartet werden kann, dass sie die Informationen zur Kenntnis nehmen.

Für Jugendliche ist es von großer Bedeutung, sichtbar zu sein. Sie sind sich auch bewusst, dass diese Sichtbarkeit mit Nachteilen verbunden ist, und veröffentlichen nur ausgewählte Inhalte. Das lässt sich gut am Umgang mit Bildern ablesen, von denen Jugendliche viele auf ihren Profilen publizieren, sie aber so auswählen, dass sie mit ihrer Erscheinung darauf einverstanden sind. In der JAMES-Studie 2012 gaben fast 40 % der Jugendlichen an, dass sie es schon erlebt haben, dass ohne ihre Zustimmung Bilder veröffentlicht wurden. Wiederum rund 40 % davon haben das als störend empfunden. Bilder entstehen in einem Kontext, soziale Normen legen fest, wie sie zugänglich gemacht werden dürfen. Nur weil Jugendliche sich oft digital zeigen, heißt das nicht, dass auch andere sie abbilden, zitieren oder ihre Inhalte weiterverbreiten dürfen. Jugendliche müssen ihr Auftreten, auch digital, selber bestimmen können. Die Verletzung der Privatsphäre erfolgt in diesem Bereich aber nicht nur durch Peers. Auch Eltern veröffentlichen oft Bilder von Jugendlichen, ohne dafür eine Erlaubnis einzuholen (Boyd und Marwick, 2011, S. 14).

Öffentliche Kommunikation erfordert zusätzliche Maßnahmen zum Schutz der Privatsphäre, die Jugendliche oft kunstvoll einsetzen oder gar erfinden. Es handelt sich um technische Möglichkeiten, aber auch um den Einsatz von Codes, von Täuschungen oder die Erfordernis von Vorwissen. Beispielsweise können Songtexte dazu dienen, eine Aussage zu machen, die nur Jugendliche, die den Song und seinen Kontext verstehen, entschlüsseln können. So ist es möglich, für alle sichtbar zu sprechen, die Bedeutung des Gesagten aber nur ausgewählten Adressatinnen und Adressaten zugänglich zu machen.

Zusammenfassend kann festgehalten werden, dass Jugendliche zwar extensiv öffentlich kommunizieren, dabei aber ihre Privatsphäre mit verschiedenen Mitteln durchaus schützen. Oft fehlen ihnen jedoch die Möglichkeiten, ihre

Vorstellungen von sozialen Normen und damit auch von Privatsphäre durchzu-
setzen. Sie erwarten, dass man sich online so verhält, wie man das zum Beispiel
im Restaurant tut: Auch wenn man andere belauschen oder beobachten könnte,
tut man es aus Höflichkeit nicht. Ervin Goffman (1963/1966, S. 67) spricht dabei
von »höflicher Gleichgültigkeit« (»civil inattention«). Die Voraussetzung dieser
Form von Respekt wird oft zu Unrecht mit Naivität verwechselt.

Informationssuche und Schularbeiten mit Social Media

Social Media sind ein effizientes Kommunikationsmittel, weil sie erlauben,
Inhalte und Beziehungen so zu arrangieren, wie es für Teilnehmende indivi-
duell sinnvoll ist. In Kapitel 3 wird aus der Perspektive der Lehrperson genauer
beschrieben, was man sich unter einem persönlichen Lernnetzwerk vorstellen
muss und wie Social Media für Wissensmanagement genutzt werden können.
Was Erwachsene lernen müssen, praktizieren Jugendliche oft ohne Anleitung:
Sie lernen vernetzt. Wie muss man sich das vorstellen? Hier einige Beispiele:
–   Social Media sind ein ideales Tool, um ohne viel Aufwand gezielt Hilfe bei
    Hausaufgaben zu erhalten. Per Handykamera lassen sich Bilder von den Pro-
    blemen, die man nicht allein bewältigen kann, direkt in die Netzwerke ein-
    stellen. In Kommentaren werden Fragen diskutiert und Lösungen angeboten.
–   Klassen schließen sich zu Netzwerken zusammen, heute häufig auf Facebook
    und per WhatsApp. So sind Gespräche möglich, bei denen die ganze Klasse
    zuhören kann und alle Mitglieder sich äußern oder Inhalte den anderen
    mitteilen können (also auch Dokumente, Bilder etc.). Auf dieser Art und
    Weise kann der Unterricht dokumentiert werden (Tafelbilder, Hausaufga-
    ben, Arbeitsmaterialien, Termine etc.).
–   In Gruppen werden Dokumente per Social Media gemeinsam bearbeitet.
    Die Diskussion und Entscheidungsfindung läuft parallel per Chat. So ist es
    möglich, ohne Zeitaufwand von zu Hause aus gemeinsam in Gruppen zu
    lernen und produktiv zu sein.
–   Jugendliche vernetzen sich mit Expertinnen und Experten. Sie fragen
    direkt nach, wenn sie eine Projektarbeit bearbeiten, häufig auf Social Media.
    Dadurch ist es möglich, Kontakt zu Fachleuten herzustellen, die wiederum
    wenig Aufwand haben, um Lernenden direkt ihr Wissen zu vermitteln.

Diese Beispiele zeigen, dass Jugendliche technische Möglichkeiten schnell in
ihren Lernalltag integrieren. Es gibt viele Beispiele für eine spielerische, kreative
und doch sinnvolle Nutzung der Möglichkeiten, die Social Media bereithalten.
Ein wesentlicher Grund ist die Strukturgleichheit von modernem Unterricht

und Social Media. Eine konstruktivistische Sicht auf Lernprozesse lässt erkennen, dass Lerngegenstände beim Lernen ähnlich entstehen, wie die Inhalte von Social Media beim Kommunizieren.

Betrachtet man den Medienwandel neutral, so kann man davon ausgehen, dass Social Media in zehn Jahren selbstverständlicher Bestandteil von Lernprozessen sein werden, wie das heute Notizen, Bücher und Unterrichtsgespräche sind. Die Hälfte der älteren Teenager sucht mehrmals pro Woche im Internet nach Informationen, wie die JIM-Studie 2012 zeigt; die Informationssuche macht rund 15 % der Internetnutzung aus. Während in der JIM-Studie der Hauptzugang für Informationen im Internet Suchmaschinen sind (80 % geben an, sie häufig zu nutzen), benutzen Jugendliche in der Schweiz gemäß der JAMES-Studie 2010 Soziale Netzwerke gleich häufig wie Suchmaschinen für die Beschaffung von Informationen, wobei unklar ist, ob es sich direkt um schulrelevante Informationen handelt (Medienpädagogischer Forschungsverbund Südwest, 2012, S. 36 f. und Süss, Waller und Willemse, 2010, S. 36)

Allerdings gibt es auch hier Risiken. So sagt eine Interpretation der *Digital Divide,* die von Medienkritikern stark gemacht wird, dass der Einsatz von digitaler Technik intelligente, schulisch erfolgreiche Jugendliche in ihrer Leistungsfähigkeit unterstütze, Jugendliche mit Lernschwierigkeit und wenig Schulerfolg jedoch einschränke. Das zeigen entsprechende Untersuchungen, aus denen man schließen kann, dass in Bezug auf die Dimension Schulerfolg die *Digitale Kluft* durch den Einsatz digitaler Kommunikation vergrößert werde (Spitzer, 2012, S. 85, 229, 250).

Zu fragen wäre also, ob es nicht eine Art Kompetenz von Lernenden ist, digitale Technik so einzusetzen, dass die Gefahr, die Distanz zu verlieren und schulisch den Anschluss zu verlieren, minimiert wird. Von Medienpädagogisch wird dabei immer davon gesprochen, die Verfügbarkeit von digitalen Medien zu dosieren. Der Ratschlag betrifft zunächst Eltern, die sicherstellen müssen, dass Kinder Zugang zu allen Erfahrungen haben, die für ihre Entwicklung von Bedeutung sind: sich bewegen, die Welt mit den Händen begreifen, Musik hören, malen, Gespräche führen, sich Welten vorstellen, Nahrungsmittel kosten, anderen Menschen und Lebewesen begegnen. Die Aufzählung ließe sich leicht weiterführen. Gewisse Medien können nun, indem sie immer wieder kleine Belohnungen bereithalten, die im Hirn entsprechende Reaktionen auslösen, so starke Reize ausüben, dass ihr Konsum andere Aktivitäten zu verdrängen droht. Im Vordergrund der Kritik stehen hier Videogames und soziale Netzwerke.

Soziale Beziehungen sind immer mit Normen und Erwartungen verbunden, die man zur Pflege der Beziehung erfüllen muss. Werden nun Informationen in sozialen Netzwerken ausgetauscht, so ist damit immer auch eine soziale Aktivität verbunden. Hier besteht die Schwierigkeit darin, diese soziale Aktivität mit der Suche nach Information in eine Balance zu bringen. Um ein analoges Bild zu verwenden: Wie viel Small Talk ist für eine Bibliotheksbenutzerin sinnvoll, um eine Beziehung mit dem Bibliotheksangestellten zu pflegen? Konzentriert sie sich lediglich auf die nötigen sozialen Interaktionen, so dürfte er das auch tun. Er wird darauf verzichten, sie auf eine interessante Neuerscheinung hinzuweisen oder bei seiner Vorgesetzten darauf zu bestehen, dass die Benutzerin ein Buch ausnahmsweise kopieren darf. Verbringt sie aber Stunden damit, mit dem Angestellten lustige Episoden ihrer Lieblingsserien nachzuspielen und ihn dadurch eventuell ihr gegenüber gewogen zu stimmen, dann geht der Small Talk auf Kosten der Zeit, die sie für ihre Studien aufwenden sollte.

Das analoge Beispiel übertragen auf Social Media zeigt, dass die Beziehungspflege dort ungleich komplexer ist: Es geht um die Verbindungen zu allen so genannten »Freunden« auf Facebook, zu allen Followern auf Twitter, also zu allen Kontakten, die unterhalten werden. Sie sind letztlich Bestandteil der Fähigkeit, relevante Informationen zu finden, wenn sich jemand auf Social Media verlässt. Wer ungeübt ist, kann schnell enorm viel Zeit damit verlieren, all diese Beziehungen unterhalten zu wollen, obwohl viele von ihnen lose sind und lose bleiben müssen. Der evolutionäre Anthropologe Robin Dunbar hat festgehalten, dass Menschen evolutionär bedingt nur zu 150 anderen Menschen eine Beziehung pflegen können. 150 ist die so genannte *Dunbar-Zahl* (Dunbar, 1998). Soziale Netzwerke gaukeln vor, man könnte diese evolutionäre Grenze überschreiten. Das ist aber aufgrund kognitiver Beschränkungen nicht möglich. Diese Einsicht ist erst einmal hilfreich: Nicht alle Menschen, mit denen ich verbunden bin, helfen mir bei der Informationssuche oder interessieren mich.

Darüber hinaus besteht nun aber bei jedem Kontakt die Möglichkeit, das Gleichgewicht zwischen sozialer Interaktion und Bewältigung einer konkreten Aufgabe zu verlieren. Eine Lernaktivität auf Netzwerken ist gekoppelt mit »Online-Sein« – das ganze Beziehungsnetz kann erkennen, dass jemand sich gerade in ein Netzwerk einloggt und für Chatdiskussionen und andere Freizeitaktivitäten verfügbar sein könnte. Heute spielt die gleichzeitige Präsenz im Internet immer weniger eine Rolle, weil Nachrichten sofort auf dem Handy empfangen oder auch später gelesen werden können (Facebook unterscheidet z. B. technisch nicht mehr zwischen Chats und Nachrichten). Die Möglichkeit, dann jederzeit eine Nachricht auf dem Smartphone zu erhalten, ist aber wiederum ein starker Anreiz, sich auf einer bestimmten Plattform einzuloggen.

Soziale Beziehungen auf Facebook

In ihrem Buch über Schweizer Kindheiten in den letzten 100 Jahren erzählt Ursula Eichenberger, wie eine 14-Jährige Facebook nutzt und welche Probleme ihr daraus erwachsen. Eine Passage aus Facebook-Chat-Gesprächen, die sie in ihrem Porträt des »virtuellen Lebens eines Teenagers« abdruckt, ist ein guter Ausgangspunkt, um über die Art und Weise nachzudenken, wie Facebook soziale Beziehungen unter Jugendlichen strukturiert oder verändert:

Fiona: *Riesendurcheinander. Schatz, was meinst du, kann ich Marco das so sagen? (Es folgte, was Fiona an Marco zu schreiben plante) Bevor ich anfange, will ich, dass du weißt, dass ich dich über alles liebe! Aber weißt du, ich finde es total scheiße, dass du mir nicht vertraust. Ich liebe Francesco nicht. Ich bin enttäuscht, dass du mich wie ein Spielzeug behandelst … Ich lasse mir das nicht gefallen, Liebster! Weißt du, es geht mir ums Prinzip. Dass du das Gefühl hast, mir sagen zu können, mit wem ich mich treffen und mit wem ich Spaß haben darf … mit mir kannst du das nicht machen.*
Jamileh: *gut gemacht, Schöne :)*
Fiona: *Schatz, danke, dass du da bist. Ich finde es nicht selbstverständlich.*
Während des Chats meldete sich **Dario:** *hey ^.^ – mich vermisst?*
Jamileh: *Äääh, nein, ^^ beleidigt? :-P*
Dario: *sehr*
Jamileh: *kein Grund, kenne dich ja nicht;-D*
Dario: *das kann sich ändern. Wie läuft es mit deinen Freunden?*
Jamileh: *gut;-D*
Dario: *und mit mir?*
Jamileh: *Was für eine Frage! :-P*
(Eichenberger, 2012; *Übertragung Ph. W.* [1]; *alle jugendsprachlichen Schreibweisen entfernt*)

---

1   Originaltext:
    Fiona: Mega puff. shaads, was meinsch, chan ich das em marco so säge? (Es folgte, was Fiona an Marco zu schreiben plante) befor ich afange will ich, dass duh weish das ich dich über alles lieb! aber weish, ich finds mega sheisse, das duh mir nöd vertraush. ich lieb de francesco nöd. es entüsht mich mega das duh mich behandlish wie es spielzüg... ich lahn mir das eifach nöd gfalle amo! weish s gaht mer ums prinzip. das duh s gfühl hesh duh chash sege mit wem ich hänge und mit wem ichs gued ha dörf... mit mir chash das nöd mache.
    Jamileh: guet gmacht, shnug :)
    Fiona: shaads, danke das duh da bish ich finds nöd selbstverstendlich!
    Während des Chats meldete sich **Dario:** hey ^.^ – mich vermisst?
    Jamileh: äääh, nai, ^^ beleidigt? : –P
    Dario: sehr
    Jamileh: kai grund, känn di ja nöd; –D

Fiona bittet Jamileh um eine Rückmeldung zu einer Nachricht, die sie ihrem eifersüchtigen Freund Marco schicken wollte. Parallel dazu führt Jamileh ein weiteres Gespräch – oder mehrere, das lässt sich nicht erkennen: Dario ist ihr unbekannt, sie lernt ihn in diesem Moment kennen. Er wird später ein Bild von ihr und einer Freundin so manipulieren, dass es aussieht, als seien sie darauf nackt.

Der Gesprächsausschnitt zeigt deutlich, wie breit das Spektrum der Interaktion auf Facebook ist. Das intime Gespräch mit der Freundin, die sich dafür bedankt, dass Jamileh bereit ist, ihr zuzuhören, findet mit den gleichen Werkzeugen statt wie der Flirtversuch eines Fremden. Vor zehn Jahren hätte das erste Gespräch am Telefon stattgefunden, das zweite an einem öffentlichen Ort.

Dabei ist der Begriff »Gespräch« durchaus zutreffend. Auch wenn die Chats ins Handy getippt werden und so scheinbar schriftlich erfolgen, haben sie wichtige Merkmale mündlicher Kommunikation: Sie sind flüchtig, erfolgen synchron, dialogisch, in Dialekt und oder Soziolekt, unvollständig und fehlerhaft. Jugendliche verwenden dafür die syntaktisch scheinbar fehlerhafte Wendung »mit jemandem schreiben«. Diese Formulierung passt die dialogische Formulierung »mit jemandem reden« für den digitalen Kontext an und ersetzt damit die transitive – und damit monologische Formulierung »jemandem schreiben«.

Die Gespräche erfolgen jedoch – anders als analoge Gespräche – simultan. Die technischen Gegebenheiten bringen zudem die Möglichkeit einer viel stärkeren Selektivität mit sich. Ein Essay im amerikanische Literaturmagazin »n+1« stellt die Funktion des Chats in einen Bezug zur Entwicklung der Gesprächskultur in der Aufklärung. Als Bedeutung der Chats halten die Autoren fest:

> Chats sind für Freundschaften und Affären. Sie erlauben es, Menschen ins Haus einzuladen, die nicht hineingehören, weil sie zuhause in ihrem eigenen Schlafzimmer sein müssen. Chats ermöglichen einen temporären Ausbruch aus dem Gefängnis der Familie. (Blumenkranz et al., 2010; Übersetzung Ph.W.)

Diese befreiende Wirkung, die von den Autoren mit Blick auf den Ausbruch von Frauen aus patriarchalen Strukturen festgestellt wird, gilt heute in einem stärkeren Ausmaß für Jugendliche, welche in virtuellen Räumen Verbindun-

---

Dario: das cha sich ändere. wie laufts with fründe?
Jamileh: guet;–D
Dario: und mit mier?
Jamileh: schiss :–P Erklärungen der Begriffe: puff = Durcheinander, shadds = Schatz, amo = kurz für amore (ital.), shnug = kurz für Schnuggi, Kosewort, schiss = kurz für »Dreinschiss«, ein unaufgeforderter Einwurf.

gen pflegen können, die durch ihre Einbettung in Familien und ihre räumliche Trennung sonst gefährdet wären.

Sherry Turkle beschreibt diese Befreiung in ihrem Buch »Alone Together« als Bedrohung wichtiger sozialer Fähigkeiten. Die Computerwissenschaftlerin kritisiert die paradoxe Situation, dass Social Media uns konstant in Verbindung mit anderen Menschen treten lassen, diese Verbindungen aber nicht haltbar und belastbar sind, sondern uns nur konstant beschäftigen und uns einsamer werden lassen. Sie schreibt zusammenfassend:

> Online finden wir leicht »Gesellschaft«, aber der Druck, etwas leisten zu müssen, erschöpft uns. Wir genießen kontinuierliche Verbindungen aber haben selten die ganze Aufmerksamkeit unseres Gegenübers. Wir haben sofort Publikum, aber dampfen das, was wir einander sagen, mit neuen Mitteln der Abkürzung ein. […] Wir machen viele Bekanntschaften, aber sie sind provisorisch, wir können jederzeit ignoriert werden, wenn sich interessantere Gesprächspartner anbieten. Neue Bekanntschaften müssen nicht einmal interessanter sein, wir haben gelernt, alles Neue positiv zu bewerten. […] Wir mögen es, einander ständig und sofort erreichen zu können, aber müssen unsere Telefone verstecken, um uns einen ruhigen Moment zu verschaffen. (Turkle, 2011, S. 446 f., übers. von Ph.W.)

Diese pessimistische Perspektive auf die neuen Möglichkeiten, Gespräche zu führen, ergänzt Turkle durch ein Bild der Familie, die beim Essen nicht mehr vor dem Fernseher sitzt, sondern deren Mitglieder alle konstant mit Abwesenden in Verbindung stehen und so nicht in der Lage sind, mit den wichtigsten Menschen in ihrer Umgebung ein gehaltvolles Gespräch zu führen.

Was Turkle beschreibt, ist eine Gefährdung, der Jugendliche stärker noch als Erwachsene ausgesetzt sind. Im Aufbau eines eigenen sozialen Netzes sind sie darauf angewiesen, viele neue Bekanntschaften zu machen. Soziale Netzwerke helfen ihnen dabei, es fällt ihnen leicht, gemeinsame Interessen zu entdecken und Gesprächsthemen zu finden. Gleichzeitig bedarf es aber einer konstanten Präsentation der eigenen Persönlichkeit: Das eigene Stilbewusstsein, die Medienkompetenz, der Sinn für Humor, der soziale Status sowie das Aussehen können ständig überprüft und aktualisiert werden. Jugendliche nehmen ihre Mitmenschen häufig auch über ihre Erscheinung auf sozialen Netzwerken wahr – obwohl ihnen klar ist, dass es sich nicht um ein Abbild einer realen Person handelt.

Nüchtern gesehen steigt dadurch die Komplexität der sozialen Interaktionen: Teenager werden von ihren Peers heute nicht nur aufgrund ihrer körperlichen Erscheinung, ihrer Kleidung, ihrer Rhetorik, ihres Wissens und ihrer Kompe-

tenzen eingeschätzt und beurteilt, sondern auch aufgrund ihres Auftritts und
Verhaltens im Cyberspace.

Social Media hat dabei aber kaum den Charakter eines Selbstzwecks. Soziale
Verbindungen wurden schon immer medial hergestellt: Ob Kontakte mit Brie-
fen, per Telefon oder im Internet geknüpft oder gepflegt werden, ist qualitativ
nicht von Belang. Bedeutsam ist die Beschleunigung der Kommunikation: Der
Austausch erfolgt permanent, begleitet jede andere Aktivität und kennt unter
Umständen keine Pause. Diese Beziehungen können so sehr eng werden und
eine Eigendynamik entwickeln, Gesprächspartnerinnen und Gesprächspartner
erwarten ständig Antworten, Reaktionen, Lesebestätigungen. Mit leistungsfä-
higen Smartphones gibt es kaum mehr geschützte Räume, in denen Menschen
mit sich allein sind oder die Gesellschaft real Anwesender die einzige Form des
Miteinanders ist.

Gefährdung von Jugendlichen durch Social Media

Social Media vereinfachen die Verbreitung von Informationen und Daten, die
derart in Verbindung mit sozialen Netzwerken gebracht und aus räumlichen
und zeitlichen Kontexten gelöst werden. Diese grundlegenden Eigenschaften
von Social Media bergen Gefahren für Jugendliche. Gerade weil sich die Technologie eignet, effizient Netzwerke aufzubauen, Schwärme von Usern zu koor-
dinieren und Informationen enorm schnell zu transportieren, kann sie auch
sehr schädlich sein.

Der Technikhistoriker Melvin Kranzberg (1986) hat einige leicht satirische
Gesetze der Technik formuliert. Das erste Gesetz lautet: »Technik ist weder gut
noch böse; noch ist sie neutral.« Das Gesetz ist gehaltvoll: Wenn im Folgenden von Mobbing, Stalking und anderen schädlichen sozialen Handlungen die
Rede ist, denen Jugendliche im Internet begegnen, dann haben diese immer
psychologische, soziale und materielle Hintergründe, die von der Technologie
unabhängig sind. Und doch verändern die digitalen Instrumente, die heute zur
Verfügung stehen, die Möglichkeiten, mit denen Menschen einander Schaden
zufügen können. Das Kapitel soll nicht als Warnung vor dem Internet oder vor
Social Media verstanden werden, sondern als Hinweis auf die Notwendigkeit
eines sorgfältigen Umgangs mit diesen Gefahren.

Cybermobbing erhält momentan am meisten Aufmerksamkeit. Mobbing
bedeutet kontinuierliche und geplante kommunikative Aktionen durch Ein-
zelpersonen oder Gruppen gegenüber einem Individuum. Es findet in einem
bestimmten sozialen oder institutionellen Kontext statt, meist am Arbeitsplatz
oder in der Schule und zeichnet sich dadurch aus, dass feindselige Handlun-

gen langfristig und systematisch erfolgen. Mobbing-Betroffene erleben sich als unterlegen und werden in ihrer Menschenwürde angegriffen.

Cybermobbing ist Mobbing mit digitalen Mitteln: Es erfolgt also über Internetkommunikation und mobile Kommunikation. Cyberbullying und Cyberstalking werden oft als verwandte Begriffe verwendet: *Bullying* kann dabei als Synonym zu Mobbing verstanden werden, es bedeutet tyrannisieren, einschüchtern oder schikanieren – im Gegensatz zu Mobbing durchaus auch mit physischer Gewalt.

Stalking meint das Verfolgen einer Person, meist durch eine andere Einzelperson. Stalking kann ein Mittel sein, das für Mobbing eingesetzt wird. Allgemeiner kann man von *Cybergewalt* sprechen, um all diese Phänomene zu bezeichnen.

Wie muss man sich Cybermobbing konkret vorstellen? Man kann vier Ebenen unterscheiden, auf denen Mobbingprozesse im Cyberspace verlaufen können: Auf einer ersten Ebene wird die Kommunikation einfach ins Internet oder auf mobile Geräte verlagert: Verbale Gewalt erfolgt per SMS, Chat-Nachricht oder E-Mail. Oft sind die Täter dann auch anonym unterwegs oder erstellen gefälschte Profile. Auf einer zweiten Ebene werden spezifisch digitale Techniken genutzt: Gewalt wird nicht nur verbal, sondern multi-medial ausgeübt. Videos, Tondokumente oder Bilder werden verwendet, um Opfer unter Druck zu setzen, zu erpressen und zu bedrohen. Diese Daten können auch manipuliert sein (wie im Beispiel von Jamileh). Es reicht aber zur Verstärkung von Mobbing-Effekten schon aus, wenn erniedrigende Bilder und Videos öffentlich zugänglich gemacht werden.

Auf einer dritten Ebene werden spezifische Mechanismen von Social Media verwendet, um Effekte von sozialen Netzwerken gewaltsam zu nutzen. Einige Beispiele, wie das geschehen könnte:

– Private Nachrichten, Bilder oder Videos werden öffentlich gemacht, um damit eine negative soziale Dynamik auszulösen.
– Es wird negative Aufmerksamkeit auf ein bestimmtes Profil gelenkt, mit dem Ziel, dass ein ganzer Schwarm von Internet-Mobbenden mitspielt. Das kann dann durchaus auch in der nicht digitalen Welt Auswirkungen haben.
– Verbreitet ist auch der Versuch, zu verhindern, dass eine Person im Netz ein positives Image aufbauen kann, indem z. B. Bilder immer wieder negativ kommentiert werden, Profile mit abstoßenden Aussagen verunstaltet werden.
– Auf einer vierten Ebene werden dann im Internet gewonnene Informationen eventuell für (verbale) Gewalttaten in der physischen Welt genutzt. In den analogen Gesprächen von Jugendlichen ist die digitale Sphäre oft ein Thema – was jemand auf Facebook geschrieben hat, welches Bild jemand gepostet hat oder wie jemand ein anderes Bild kommentiert hat, kann sofort für Mobbing genutzt werden.

Cybermobbing hat Eigenschaften, die es durchaus von Mobbing unterscheiden – obwohl die zugrundeliegenden Strukturen oft dieselben sind.

Digitale Kommunikation ist enorm effizient: Nachrichten können sehr schnell und ohne Aufwand verschickt, Gruppen organisiert und mobilisiert sowie Informationen beschafft werden. Social Media ermöglicht es, »Schwärme« zu erzeugen. Aber, so hat es Sascha Lobo (2012) formuliert, »Schwarmlobbying und Schwarmmobbing liegen dicht beieinander«. Es ist für die einzelnen Schwarmmitglieder selbst oft nicht einmal zu erkennen, ob sie zu Mittätern bei Cybermobbing werden, weil sie einfach den Regeln der Schwarmorganisation folgen. Internetkommunikation ist zudem meist direkter und unfreundlicher als Kommunikation zwischen physisch präsenten Personen: Die Schwellen, jemanden zu belästigen, zu bedrohen, verbal Gewalt auszuüben, sind viel kleiner.

Das führt dazu, dass Täter viel mehr Möglichkeiten des Agierens haben. Zudem können sie sich dabei hinter falschen Identitäten verbergen: Oft wissen Betroffene von Cybergewalt nicht sofort, wer hinter den Attacken steckt. Auch wenn sie Vermutungen haben, können sie diese nur unter Einsatz großer digitaler Kompetenz belegen. In vielen Fällen bleibt es daher bei Vermutungen.

Cybermobbing kann orts- und zeitunabhängig erfolgen. Physische und verbale Gewalt kann analog nur ausgeübt werden, wenn sich Opfer und Täter begegnen. Diese Gewalt ist auf einen Ort und eine Zeit beschränkt – Cybermobbing kann uns jederzeit auf dem Mobiltelefon und an jedem Ort erreichen. Das führt zu einem diffusen Gefühl von Bedrohung.

Die digitale Welt wird immer enger mit unserem beruflichen, schulischen und sozialen Leben verzahnt. Damit wird auch Cybermobbing direkt eingebunden: Es wirkt sich sehr schnell auf unser soziales und berufliches Wohlbefinden aus und findet selten in einem isolierten virtuellen Bereich statt, der ausblendbar wäre.

Umstritten ist die Frage, ob es Cybermobbing unabhängig von nicht digitalen Mobbing-Prozessen gibt. Die Professorin Sonja Perren vom Jacobscenter der Universität Zürich hat diese Zusammenhänge untersucht. Sie kommt zu dem Schluss, dass der Kreis der Betroffenen sehr klein ist: »Das Problem beim Cybermobbing ist daher nicht im Cyber zu suchen, sondern beim Mobbing« (Perren, zit. nach Nicolussi, 2012). In einem Ergebnisbericht hält sie fest:

Traditionelle Gewalt [kommt] unter Jugendlichen (physische, verbale, soziale Gewalt) im Vergleich zu Cybergewalt deutlich häufiger vor. Unter Jugendlichen, die in Gewalttaten involviert sind, können Täter, Opfer und solche[,] die beides sind, unterschieden werden. Die Studie zeigt, dass die Jugendlichen[,] die mit Cybergewalt zu tun haben (als Opfer und/

oder Täter), oft auch in traditionelle Gewalt verwickelt sind (meist in der gleichen Rolle wie bei Cybergewalt). (Perren, Sticca und Alsaker, 2011)

Genaue Zahlen zum Cybermobbing sind nicht verfügbar. Die Daten sind meist veraltet und wurden mit Fragen erhoben, die spezifische Eigenschaften von Cybermobbing nicht berücksichtigen. So geben in der JAMES-Studie von 2010 knapp 15 Prozent der befragten Jugendlichen an, sie seien schon einmal im Internet »fertig gemacht« worden, in der JIM-Studie gibt fast ein Viertel an, schon erlebt zu haben, wie Bekannte »fertig gemacht« worden seien – was zwar sicher als verbale Gewalt interpretiert werden muss, aber nicht eindeutig als Mobbing klassifiziert werden kann.

Ein Bestandteil von Mobbing-Prozessen im Internet kann Cyberstalking sein. Auch dabei ist der entscheidende Punkt, dass die Effizienz der digitalen Kommunikation und ihre Lösung von zeitlichen oder räumlichen Einschränkungen die Ausübung von Gewalt vereinfachen. Cyberstalkerinnen oder -stalker können problemlos vom Arbeitsplatz aus andere Menschen digital verfolgen.

Je stärker unser Leben digitalisiert wird, desto größer sind auch die Möglichkeiten, die sich für Stalking ergeben. Gerade die Kombination von Informationen, die einzeln harmlos wären und mit Vorsicht weitergegeben werden, kann ein Gesamtbild ergeben, das beunruhigend ist. Kürzlich beschrieb ein Reddit-User, wie er vorgegangen ist, um eine Frau zu stalken: Er brachte Informationen aus verschiedenen Kanälen und Sozialen Netzwerken – die teilweise öffentlich zugänglich waren – systematisch miteinander in Beziehung. Diese Beschreibung mag frei erfunden sein, zeigt aber dennoch die Möglichkeiten auf, welche Web 2.0-Profile Stalkerinnen und Stalkern in die Hände geben:

> Zunächst fand ich das Mädchen per Zufall auf Tumblr. Ich klickte durch Posts und Quellenangaben bis ich ihr Bild sah. Ihr Bild. Gott, ist sie schön. Und sexy. Zweifelsohne eines der schönsten Mädchen, das ich je gesehen hatte. Ich durchsuchte ihre Tumblr-Seite bis ich ihre anderen Social Media-Profile gefunden hatte. Alle waren öffentlich ... Twitter, Instagram, Facebook, Pinterest. Sie war nicht zurückhaltend mit dem, was sie veröffentlichte. [...]
>
> Schließlich schaute ich mir ihre Instagram-Bilder auf einer Drittseite an und bemerkte – ihre Bilder waren mit Geotags[2] versehen. Eins. Zwei.

---

2   Geotags sind geografische Koordinaten, die bei digital gespeicherten Bildern oft mitgespeichert werden, wenn eine Kamera oder ein Smartphone über eine Lokalisierungsfunktion verfügt.

Drei. Und so weiter. Geotags verzeichneten ihr ganzes Leben auf einer Karte. Shit, das kann ja nicht sein. Diese Tags. Die meisten waren weniger als eine Stunde von mir zuhause entfernt. Dieses Mädchen lebt nicht auf der anderen Seite der Welt, sondern in nächster Nähe! Da begann es. Ich weiß nicht, was mich ergriff, aber ich begann, tiefer zu graben. Ich musste einfach. Während der nächsten Monate sammelte ich alle Informationen von allen Social Media-Profilen des Mädchens.

Ich fand heraus, wo sie wohnte, wo sie arbeitete, wo sie zur Schule ging, was sie studierte, in welchem Schulareal, in welchem Gebäude. Ich fand auch ihren Stundenplan heraus. Ich wusste, wer ihre nächsten Freunde waren, ihre Namen und wo sie wohnten (sie hatte auch diese Bilder mit Geotags versehen). Ich wusste, wo ihre Eltern wohnten, ihre Schwester und ihr Freund. Sie machte so viele Fotos von ihrer Wohnung, dass ich einen Plan hätte zeichnen können. Ich wusste, wo sie ihre Freizeit verbrachte und welche Lokale sie frequentierte. Ich wusste, was für ein Auto sie fuhr und wo sie tankte. Um sicher zu sein, schaute ich die Satellitenbilder von Google Maps an und benutzten Google Street View, um Bäume und andere Objekte zu identifizieren, die man im Hintergrund von Bildern sah. Ich konnte nicht aufhören, es ergriff mich. All das hätte ich nicht wissen sollen und auch sonst niemand.

Aus all diesen Fragmenten konnte ich ihr ganzes Leben zusammensetzen. Es war erstaunlich und fühlte sich gut an, obwohl ich nicht weiß, warum. (Anonymous, zit. nach Wampfler 2012a)

Der User beschreibt daran anschließend, dass er das Haus des Mädchens aufgesucht habe und dann bemerkte, wie problematisch sein Verhalten sei.

Das Beispiel zeigt, dass junge Frauen auf Social Media besonders gefährdet sind. Sie hinterlassen zwar grundsätzlich weniger Informationen über sich, aber veröffentlichen gemäß den JAMES- und JIM-Studien mehr Bilder und Videos, auf denen sie zu sehen sind. Wie problematisch das sein kann, zeigte die mittlerweile nicht mehr verfügbare App »Girls Around Me«. Sie ermöglichte zu sehen, welche Frauen sich in der Umgebung eines Standorts aufhalten oder aufgehalten haben, und zeigte Bilder, Statusupdates und weitere Informationen dieser Frauen an. Betrachtet man Screenshots der App, könnte der Eindruck entstehen, es handle sich um Profile von Frauen, die sich willentlich so präsentierten. Das ist aber falsch. Die App hat systematisch soziale Netzwerke wie Facebook und Foursquare gescannt und Daten verwendet, die Frauen meist ohne ihr Wissen auf diesen Diensten öffentlich sichtbar machen. Die abgebildeten Frauen wussten nichts davon, dass sie in dieser App auftauchen.

»Wenn Sie für einen Dienst nichts bezahlen, sind Sie offenbar nicht Kundin oder Kunde, sondern die Ware, die verkauft wird«, ist eine bekannte Aussage von Andrew Lewis (zit. nach Pariser, 2011/2012, S. 29). Das betrifft junge Frauen besonders. Ihre freizügigen Bilder werden, das zeigt eine kürzlich durchgeführte Untersuchung der britischen Internet Watch Foundation IWF in fast 90 % der Fälle auf Pornoseiten weiterverwendet. Dabei übernehmen die Betreiber nicht nur Bilder, die öffentlich ins Netz gestellt werden, sondern geben auch Dritten die Möglichkeit, intimes Material hochzuladen. So veröffentlichen z. B. junge Männer die Videos oder Bilder von Ex-Freundinnen, teilweise auch aus Rache. Diese Bilder erhalten sie häufig im Rahmen von Sexting, wenn in Chats oder per Mobiltelefon erotische Bilder verschickt werden. Im Oktober 2012 hat sich die 15-jährige Kanadierin Amanda Todd das Leben genommen, weil ein Video, auf dem sie oben ohne zu sehen war, im Internet massive Verbreitung gefunden hat.

Expertinnen und Experten raten, »Sexting« zu unterlassen und junge Frauen anzuweisen, keine Bilder von sich ins Internet zu stellen. Die Feministin Helga Hansen ist dezidiert anderer Meinung, wie in einem Blogpost nachzulesen ist:

> Was wir in der Debatte brauchen, ist die klare Ansage, dass Stalking nicht ok ist, auch wenn das Opfer es einem »leicht« macht. Was wir nicht mehr brauchen, sind Ratschläge an Frauen, sich öffentlich unsichtbar zu machen. (Hansen, 2012)

Für Cyberstalking und Cybermobbing dürfen – so kann diese Aussage verallgemeinert werden – nicht die Betroffenen verantwortlich gemacht werden. Sie sollten aber darüber informiert werden, welche Konsequenzen es haben kann, wenn sie bewusst oder unbewusst Daten und Bilder publizieren.[3]

Auswirkungen von Social Media auf das Gehirn

Hirnforschung wird heute als »Universalschlüssel« zum Verständnis des Menschen und seiner Lebensweise betrachtet (Bernard, 2012). Oft wird dabei übersehen, dass die bildgebenden Verfahren viele Zusammenhänge vereinfachen, auf willkürlichen Entscheidungen beruhen und nur innerhalb eines Modells des Menschen eine Aussagekraft haben. Es ist zudem äußerst schwierig, einen

---

3 Mit Snapchat wurde 2012 eine App immer populärer, die beim Versenden von Bildern diese nach maximal 10 Sekunden löscht, sowohl vom Smartphone der Empfängerin oder Empfängers als auch vom eigenen Server.

so komplexen kommunikativen Wandel, wie er mit Social Media verbunden ist, isoliert neurologisch zu untersuchen.

Wird also darüber gesprochen, was neue Medien mit unseren oder den Hirnen von Kindern und Jugendlichen anstellen, ist Vorsicht geboten. Das gilt für die Voraussage, wir würden lernen, problemlos mehrere Aufgaben gleichzeitig zu bearbeiten und könnten Reize viel schneller verarbeiten, wie auch für die Befürchtung, dass wesentliche Denkfähigkeiten durch falschen Mediengebrauch bedroht seien. Ganz bösartig kommentierte Martin Robbins eine skeptische Studie der Neurowissenschaftlerin Susan Greenfield, indem er ihren Erkenntniswert zusammenfasste:

> Greenfield [behauptet], dass eine unbestimmte Art von Umgang mit einem unbestimmten Teil moderner Technologie eine unbestimmte Anzahl menschlicher Hirne auf eine unbestimmte Art beeinflussen kann, so dass unbestimmte Effekte eintreten. (Robbins, 2012)

Dennoch kann man folgende vorsichtigen Aussagen machen:
1. Mediennutzung und Formen sozialer Interaktion beeinflussen die Entwicklung des Gehirns. Neutraler formuliert: Das Gehirn passt sich in seiner Entwicklung den Lebensumständen an. Das gilt also vor allem für Kindern und Jugendliche. Dieser Umstand kann an sich nicht gewertet werden. Auf Kinder, Erwachsene und ältere Menschen wirken digitale Medien je anders, weil ihr Hirn und dessen Teilsysteme unterschiedlich ausgebildet sind (Lossau, 2103).
2. Oberflächliche und repetitive Medienaktivitäten haben negative Auswirkungen auf die Entwicklung des Gehirns (sehen Kinder sehr viel fern, kann das zu schlechteren Schulleistungen und Schlafstörungen führen) (Lossau, 2103). Ob das Social Media betrifft oder nicht, lässt sich kaum sagen. Zu beachten ist, dass Jugendliche hier immer auch aktiv sind und nicht nur passiv Inhalte konsumieren.
3. Führende Expertinnen und Experten und Analysten gehen davon aus, dass durch den Gebrauch von Social Media die Aufmerksamkeitsspanne sinken wird und es daher für Menschen schwierig wird, komplexe Probleme mit dauerhafter Konzentration zu bearbeiten (Anderson und Rainie, 2012).
4. Die Ablenkungen durch Social Media stellen für das soziale Zusammenleben eine Herausforderung dar. Das Hirn wird stark geprägt durch soziale Interaktionen; würden alle Beziehungen durch oberflächliche, virtuelle ersetzt, dann wäre die Ausbildung von Sozialkompetenz gefährdet.
5. Gewisse Konzentrationsleistungen sind nicht mehr nötig, weil Computer als

Hilfsmittel viele Aufgaben für uns erledigen (z. B. das Addieren von langen Zahlenreihen, Rechtschreibprüfung, das Auswendiglernen von langen Listen). Allerdings scheint die fehlende Übung zu verhindern, dass bestimmte Gehirnareale ausgebildet werden, die für das Lösen komplexer Probleme verwendet werden (Spitzer, 2012), obwohl es natürlich problemlos möglich ist, auch am Computer komplexe Fragestellungen zu bearbeiten.

Man kann davon ausgehen, dass digitale Medien einer gesunden Entwicklung nicht entgegenstehen, wenn sie wichtige menschliche Aktivitäten nicht ablösen, sondern ergänzen. Das physische Begreifen der Welt, Sport, Musik oder Theater sind in der Entwicklung von Kindern und Jugendlichen nicht zu ersetzen. Es gibt keinen Grund, generalisierend davon abzuraten, zusätzlich dosiert am Computer zu spielen, das Smartphone in einem sinnvollen Kontext als Lerninstrument zu nutzen und mit Freundinnen und Freunden auf Facebook zu chatten.

Die Hirnforscher Hans-Peter Thier und Michael Madeja weisen darauf hin, dass die Medienpädagogik neurologische Erkenntnisse zwar berücksichtigen sollte, aber dadurch keine radikal neue Orientierung erfahren wird:

> Die Hirnforschung kann der Pädagogik nützliche Hinweise geben. Zwar versuchen Menschen schon seit Jahrtausenden die Erziehung der Kinder zu optimieren. Da gibt es bereits einen großen Schatz an empirischem Wissen, so dass man von der Hirnforschung keine revolutionären Veränderung mehr erwarten kann. […] Die Hirnforschung gibt uns viele Hinweise, die bessere, eindringlichere und damit letztlich auch erfolgreichere Medienangebote ermöglichen. Denken Sie etwa an den aktuellen Trend, Fernseh- und Computermonitore zu produzieren, die einen Tiefeneindruck ermöglichen und den Betrachter gewissermaßen in die Mitte des Geschehens versetzen. (zit. nach Lossau, 2013)

Wie aus Medienkonsum Lernprozesse entstehen können

Im Internet engagierte Jugendliche, die Blogs betreiben, Youtube-Profile füllen oder gamen, gehen trotz ausgiebigem Konsum explorativ einer Reihe von Fragestellungen nach und lernen eigenständig. Die Medienwissenschaftlerin Mizuko Ito hält dazu fest:

> Themen autonom nachzugehen aufgrund eines persönlichen Interesses, indem man zufällige Suchprozesse durchführt und ausprobiert, führt

dazu, dass Jugendliche mehr Verantwortung für ihr Lernen übernehmen. (Ito, 2009, S. 57, übers. von Ph. W.)

Dan Gillmor (2010) entwickelt in seinem Buch »Mediactive« fünf Prinzipien, wie Inhalten auf Social Media begegnet werden soll. Die Prinzipien sind schöne Belege für die Einsicht, dass sorgfältiger Konsum von medialen Inhalten eine breite Palette von Lernprozessen auslösen kann:

1. *Sei skeptisch.* Bevor man Informationen teilt, sollte man sie prüfen. Ideal ist die von Rheingold vorgeschlagene »Triangulationsmethode« – eigentlich reichen aber auch die klassischen zwei unabhängigen Quellen: Wenn Informationen von drei bzw. zwei glaubwürdigen Quellen bestätigt werden, ohne dass sie aufeinander Bezug nehmen, dann ist die Information glaubwürdig.

2. *Sei nicht allem gegenüber gleich skeptisch: Lasse dein Urteil walten.* Wer skeptisch ist, kann schnell dazu übergehen, das Vertrauen in alle Information, die nicht von Freunden stammt, zu verlieren. Das ist gefährlich. Wir müssen Informationen beurteilen und riskieren, dass wir uns einmal getäuscht haben. Das ist weniger schlimm, als wenn wir keine Informationen mehr zur Kenntnis nehmen.

3. *Verlasse deine Komfortzone und deine Bubble.* Suche immer auch nach Informationen, die deinen Haltungen widersprechen und die widerlegen könnten, woran du und deine wichtigsten Bezugspersonen glauben.

4. *Stelle mehr Fragen.* Gerade wer nach Informationen sucht, sollte sich fragen, wie denn gute Antworten aussehen könnten. Das verbessert die Suche und ihre Resultate. Gleichzeitig helfen Fragen aber auch, eigene Lücken offenzulegen, und ermöglichen in sozialen Netzwerken, von kompetenten Auskunftspersonen direkt wertvolle Informationen zu erhalten.

5. *Lerne Medientechniken verstehen und anwenden.* Seit einiger Zeit ist es unter Journalistinnen und Journalisten Mode geworden, das Programmieren zu erlernen (Bauer, 2012). Sie lernen so eine Technik, die für den Umgang mit Daten entscheidend ist. Beherrschen sie sie aktiv, sind sie auch in der Lage zu verstehen, was mit Daten gemacht wird und wie man ihre Aufbereitung beurteilen kann.

Kompetenzen für eine digitale Welt

Blickt man in die Zukunft, so wirkt Medienkompetenz oft wie ein Schlagwort, mit dem viele Ansprüche gemeint sind, die sich nicht genau benennen lassen. In der Diskussion des Begriffs »Kompetenz« vermischen sich zudem die Anforderungen einer wirtschaftlich determinierten Berufswelt und gesellschaftliche Vorstellungen von individueller Entwicklung, wie Anja Wagner in ihrer Dissertation mit dem Titel »ÜberFlow« festhält (2012, S. 108):

> Die Kompetenzdebatte fokussiert auf die Person als zentrale Instanz der Kompetenzentwicklung. Seitens gesellschaftspolitischer Instanzen wird über den individualisierten Kompetenzbegriff großer Druck auf die Menschen ausgeübt, damit diese problemorientiert auf flexible äußere Anforderungen reagieren können und die nationalen Gesellschaften innovativ weiterentwickeln. Will man dagegen weniger die funktionale Anbindung an von außen gesetzte Normen oder Ziele (wie staatliche Entwicklung, Innovationen, persönliche Bildung o. ä.) in den Vordergrund rücken und eher die Sicht des Einzelnen einnehmen, so kommt der individuellen Handlungs- und Gestaltungsfähigkeit eine größere Bedeutung zu. Die persönliche Kompetenz zur Gestaltung von Situationen ist eine andere als fach- oder methodenspezifische Kompetenzen, um in bestimmten Situationen im Interesse der Wissensökonomie zu agieren.

Die Fähigkeit, im Internet vorliegende Angebote nutzen zu können, auf die beispielsweise das »Internet Literacy Handbook« der UNESCO (2010) eingeschränkt ist, und die damit verbundene Reflexion erweitert Wagner mit drei zentralen Voraussetzungen, die Personen befähigen »eine individuelle Netz-Kompetenz aufzubauen, die es ermöglicht, neben den herrschenden Netzwerkstrukturen alternative Netzwerke mit gestalten zu können« (2012, S. 109 f.):

1. Selbstregulation, Selbstorganisation und Selbstreflexion ermöglichen informelles Lernen im Kontext des Web 2.0; sie führen zu »Neugierde und Kreativität, Initiative und Autonomie, Lernfähigkeit, Verantwortungsbewusstsein, Frustrationstoleranz, Improvisationsgeschick und Risikobereitschaft«.
2. Eine Internetkompetenz, die sich aus einer Medienalphabetisierung oder Medien-*literacy*, »medienspezifischen Analyse-, Evaluations- und Contententwicklungs-Skills« und der Fähigkeit, Informationen kontextualisieren zu können, zusammensetzt.
3. Die unter 1. und 2. genannten Fähigkeiten kommen in heterogenen sozialen Zusammenhängen zum Einsatz. Entscheidend ist also die Kompetenz, in flexiblen Umgebungen problembezogen kommunizieren zu können, ohne die eigene Autonomie preiszugeben.

Medienkompetenz muss in Bildungsprozessen mit der Förderung sozialer und ethischer Kompetenzen gekoppelt werden. Nur so kann dem einerseits gesellschaftlichen, andererseits wirtschaftlichen Druck widerstanden werden, der durch die Neuen Medien und gerade auf Jugendliche ausgeübt wird.

Aufbau von Medienkompetenz durch Eltern und Schule

Danah Boyd gibt Eltern, welche die Medienkompetenz ihrer Kinder fördern wollen, einen bemerkenswerten Ratschlag:

> Wenn ich mit Eltern spreche, rate ich ihnen, sich nicht auf die technischen Aspekte zu beziehen, sondern auf die Themen, die sie als Eltern beschäftigen. Kommunikation ist zentral. Wenn Eltern ihren Kindern helfen wollen, die Herausforderung der Technik zu meistern, ist Kommunikation das wichtigste Hilfsmittel. Kommunikation, Kommunikation, Kommunikation. Wenn einen etwas beschäftigt oder man wissen will, warum das Kind etwas tut, was man nicht versteht, einfach nachfragen. Wenn sie erzählen, sollte man versuchen, ihre Perspektive zu verstehen – und dann mitteilen, warum man eine andere einnimmt. […] Man sollte versuchen, im Dialog zu bleiben. Das Schlimmste, was Erwachsene tun können, ist zu sagen: »Tu das nicht. Das ist schlecht für dich. Das geht so nicht.« Dann schalten Jugendliche ab. Es ist wichtig, Gelegenheiten zu schaffen, um über Themen zu sprechen. Ich gebe meist einen Rat an Erwachsene: Hört zu. Wenn man das tut, merkt man, dass viele Jugendliche vor denselben Schwierigkeiten stehen, die auch Erwachsene wahrnehmen. (Boyd 2010, zit. nach Rheingold 2012, S. 245 f., übers. von Ph. W.)

Die Gemeinsamkeiten von Erwachsenen und Jugendlichen sind größer, als man denken könnte. Es ist also entscheidend, die eigenen Lernprozesse und die von Kindern und Jugendlichen zusammenzudenken. Erwachsene und Kinder brauchen dieselben Kompetenzen, auch wenn Jugendliche und Kinder diese oft selbstverständlicher erlernen. Sie lassen sich schrittweise aufbauen, wie Howard Rheingold (2012) in seinem Buch »Net Smart« ausführlich belegt. Es handelt sich im Wesentlichen um folgende Fähigkeiten:

> *Training und Fokussierung der Aufmerksamkeit:* Rheingold empfiehlt, die eigene Atmung genau zu beobachten, im Zusammenleben präsent zu sein. Zudem ist es wichtig, die Aufmerksamkeit bewusst zu trainieren, immer wieder sinnvolle Muster zu wiederholen, um sie einzuüben. Es ist hilfreich zu wissen, was man will, welche Ziele man verfolgt.
> *Die Fähigkeit, Unsinn und Unwahres erkennen zu können:* Wer suchen kann,

kann Relevantes von Irrelevantem unterscheiden. Wichtig ist dabei, dass man eine Vorstellung von einem sinnvollen Resultat hat, weiß, wer sich kompetent äußern kann und wie man mehrere Quellen in einen Bezug zueinander setzen kann. Man muss im Internet detektivische Fähigkeiten entwickeln.

Partizipation: Social Media ermöglicht Teilnahme und Teilhabe an wichtigen Prozessen. Man kann sich äußern und ein Publikum finden. Partizipation muss eingeübt und ausprobiert werden. Neue gesellschaftliche Formen sind möglich, wichtig ist aber auch ein Bewusstsein für Umgangsformen und Privatsphäre.

Zusammenarbeit: Kommunikation bezweckt immer Kooperation. Gutes Kooperieren erfordert, dass man Inhalte teilt, anderen vertraut, mit gutem Vorbild vorausgeht. Wichtig ist aber auch, Regeln transparent zu machen und andere einzuladen, mitzumachen. Es braucht ein Bewusstsein dafür, dass die kollektive Intelligenz einer Gruppe weder vom durchschnittlichen noch vom höchsten IQ der Mitglieder abhängt, sondern von der Diversität der Gruppe und von ihrer Fähigkeit, sich im Reden abzuwechseln.

Netzwerkkompetenz: Vertrauen aufzubauen und Gegenseitigkeit zu fördern, ist eine Kompetenz. Man muss anderen Gefallen tun, um Gefallen erwarten zu können. Wichtig ist aber auch, Netzwerke verbinden zu können und soziale Interaktion mit Small Talk und Freundlichkeit zu pflegen.

Die Orientierung an diesen Kompetenzen empfiehlt sich fürs Elternhaus wie für die Schule. In beiden Räumen ist es möglich, in kleinen Netzwerken zu üben und auch analog Routinen zu entwickeln, die im digitalen Leben von großer Bedeutung sind. *Crap Detection,* also die Fähigkeit, Unsinn oder Halbwahrheiten als solche zu erkennen, kann beispielsweise leicht ohne Internet erlernt werden, auch wenn das deutlich zu selten passiert.

Der Aufbau einer so verstandenen Medienkompetenz bei Jugendlichen ist nur dann gewährleistet, wenn sie in ihrer Mediennutzung von Eltern und Lehrpersonen begleitet werden. Die eingangs in Bezug auf die Figur des *digital native* festgehaltene Beobachtung, dass die Anleitung Erwachsener für Jugendliche im Umgang mit Kommunikationstechnologie einen hohen Stellenwert genießt, gilt beim Aufbau spezifischer Kompetenzen umso mehr. Das Ziel der Vermittlung kann mit Tulodziecki und Herzig wie folgt formuliert werden:

Kinder und Jugendliche sollen Kenntnisse und Einsichten, Fähigkeiten und Fertigkeiten erwerben, die ihnen ein sachgerechtes und selbstbestimmtes, kreatives und sozial verantwortliches Handeln in einer von Medien stark beeinflussten Welt ermöglichen. (Tulodziecki und Herzig, 2002, S. 237)

Diese so differenziert bestimmte Kompetenz setzt sich aus drei Bestandteilen zusammen: Erstens dem *Wissen* über die Funktionsweise von Medien, ihre Produktion und Rezeption, zweitens der konkreten *Nutzung* der Medien und der technischen Hilfsmittel (die ohne Wissen gar nicht möglich wäre) und drittens der *Reflexion* dieser Nutzung, die wiederum Wissen voraussetzt. Es ist wichtig, diese Elemente von Medienkompetenz nicht als Module zu verstehen, die man trennen oder einzeln trainieren könnte – vielmehr sind sie verzahnt und nur miteinander zu denken. Medienkompetenz wird dann aufgebaut, wenn gleichzeitig Medienwissen vermittelt wird, Medien genutzt werden und diese Nutzung reflektiert wird.

Diese Einsicht betrifft private wie schulische Erziehende. Für die Schule ist Medienreflexion zentral. Damit ist die grundlegende Einsicht gemeint, dass Medien etwas abbilden oder darstellen und dieser Prozess Selektion, Perspektivenwahl und Verzerrungen enthält. Medien zeigen uns die Welt nicht, wie sie ist, sondern sie zeigen uns ausgewählte und verzerrte Aspekte der Welt. Diese Erkenntnis ist entscheidend. Sie kann darüber hinausgehend aktiv und passiv genutzt werden: In der Rezeption oder in der Herstellung von medialen Inhalten. Dieses Medienhandeln enthält wiederum eine soziale und ethische Komponente. Wissen und Fähigkeiten sind dabei immer schon verschmolzen: Es gibt weder Wissen ohne Fähigkeiten noch Fähigkeiten ohne Wissen.

Da ist noch ein weiterer Grund, weshalb eine derartige Reflexion in der Schule im Vordergrund stehen muss. Wir wissen nicht, welche Medien wir in zwanzig Jahren konsumieren werden, können jedoch annehmen, dass es viele verschiedene sein werden. In der Konsequenz heißt das, dass Medienwissen und Mediennutzung in der Schule nie zu stark an bestimmte Werkzeuge gebunden werden dürfen, sondern die Benutzung verschiedener Techniken ermöglicht werden soll.

Man kann aus der Sicht der Schule eine einfache Trennung vollziehen: Die Fertigkeit zu vermitteln, Geräte oder Programme zu bedienen, kann als Aufgabe der Eltern betrachtet werden, wenn sie für den Unterricht nicht von Bedeutung ist. Das Verständnis für die Funktionsweise und die Wirkung von Medien hingegen muss in der Schule erworben werden, da es allen Schülerinnen und Schülern die Orientierung in einer immer stärker medial geprägten Wirklichkeit ermöglicht.

Dabei werden auch wichtige Kompetenzen erworben, die in der Berufswelt vorausgesetzt werden. Gerade weil nicht vorhersehbar ist, welchen Werkzeugen in Zukunft Bedeutung zukommt, müssen Grundlagen erarbeitet werden. Ein Verständnis der sozialen Komponente von Medien, von Privatsphäre, von Wirklichkeit und Darstellung, von Selektion und Perspektive, kann oft auch ohne digitale Hilfsmittel erworben werden. Gerade weil Distanz wichtig ist, wird medienpädagogisch oft größeres Bewusstsein geschaffen, wenn historische Formen von Mediennutzung analysiert werden. Wird beispielsweise thematisiert, welche Probleme, Hoffnungen und Befürchtungen die Verbreitung der Fotografie oder der Radiotechnik hervorgerufen haben, dann kann leicht auch eine Brücke zu heutigen Fragen der Mediennutzung geschlagen werden, ohne dass umfangreiche technische Vorkenntnisse dafür wichtig sind. Es ist so auch möglich, die wirtschaftliche und soziale Bedeutung des Medienwandels auszuleuchten.

Lehrpersonen müssen Schülerinnen und Schülern nicht beweisen, dass sie ihnen technisch überlegen sind. Medienpädagogische Fachkompetenz mit dem souveränen Bedienen von Hard- oder Software zu verwechseln, ist ein Fehlschluss. Auch die Praktiken von Jugendlichen werden vielen Lehrpersonen fremd bleiben. Um einen Vergleich anzustellen: Modetrends von Jugendlichen sind für viele Erwachsene nicht zu durchschauen. Man muss nicht verstehen, wo man welche Kleidungsstücke kaufen kann, wie man sie anzieht und welche Bedeutung sie haben, um einen Reflexionsprozess über die Bedeutung von Mode in Gang zu setzen oder kulturhistorisches Wissen über Kleidung zu vermitteln. Entsprechend müssen Lehrpersonen nicht durchschauen, welche spezifischen sozialen Normen die Kommunikation in Chats, Instant Messaging oder auf Facebook steuern, um Medienreflexion zu ermöglichen oder Medienwissen abzurufen.

Jugendliche schätzen es, wenn man ihnen Fragen zu ihren Praktiken stellt und ihnen die Gelegenheit gibt, darüber nachzudenken, welche Wirkung ihr Medienverhalten auf sie selbst und andere hat. Sie sind oft zu beschäftigt damit, den Anforderungen ihres Alltags gerecht zu werden, als dass sie selbstständig die Gelegenheit zur Reflexion hätten. Echtes Interesse sowie Aufgeschlossenheit gegenüber ihren Tätigkeiten und Fähigkeiten hilft ihnen dabei, sich über ihr Mediennutzungsverhalten Gedanken zu machen – wohl mehr, als das Ängste, Regeln und eine Abwehrhaltung tun.

Intermezzo III:
Digitale Einsamkeit und Sucht

Isolation von der Realität

Soziale Netzwerke ermöglichen Verbindungen, isolieren die Menschen aber gleichzeitig voneinander. Diese paradoxe Feststellung ist stark an die Befürchtung geknüpft, die Nutzung von Social Media mache süchtig. Damit wäre dann ein verhängnisvoller Zirkel etabliert: Je intensiver die Netzwerke genutzt werden, desto stärker werden Menschen voneinander getrennt und sind deshalb wiederum auf die Netzwerke angewiesen. Das problematische Verhalten kann nicht beendet werden, was zu stärkerer Sucht und Einsamkeit führt.

Die Vorstellungen von digitaler Einsamkeit und Sucht nach Social Media sollen im Folgenden kurz geprüft und eingeordnet werden, weil es sich um Gefahren handelt, die oft als Schlagwörter genannt werden, wenn von den Risiken des Web 2.0 die Rede ist. So entsteht eine diffuse Befürchtung, die eine genauere Analyse lohnenswert erscheinen lässt. *nur konsumierbare Medienrealität*

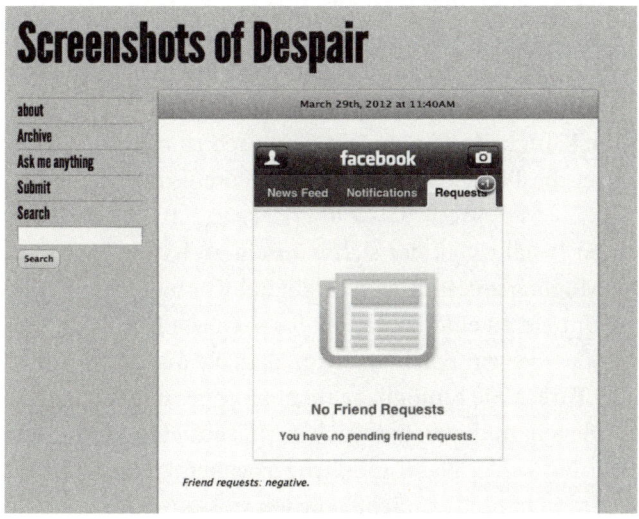

Abb. 5: Screenshots of Despair: Wie das Internet einsam macht.

=> Film + Drittes Reich + Propaganda !

Digitale Einsamkeit

Der Kulturkritiker William Deresiewicz beschrieb 2010 in einem Interview, wie
uns Social Media einsam machen:

Der Fernseher war zunächst ein politisches Kommunikations medium

> Die Moderne ist von der Angst des Einzelnen geprägt, nur eine einzige
> Sekunde von der Herde getrennt zu sein. […] Ich möchte eine Analogie
> ziehen: Das Fernsehen war eigentlich dazu gedacht, Langeweile zu ver-
> treiben – in der Realität hat es sie verstärkt. Genauso verhält es sich mit
> dem Internet. Es verstärkt die Einsamkeit. Je mehr uns eine Technik die
> Möglichkeit gibt, eine Angst des modernen Lebens zu bekämpfen, umso
> schlimmer wird diese Angst bei uns werden. Weil wir ständig mit Men-
> schen in Kontakt treten können, fürchten wir uns umso mehr, allein mit
> uns und unseren Gedanken zu sein. (Deresiewicz, zit. nach Kuhn 2010)

Die Differenz zwischen der Zahl möglicher Verbindungen und den tatsäch-
lich gepflegten sowie die Differenz zwischen der Lebensqualität, die andere
vorzeigen, und der, die man bei sich selbst wahrnimmt, sind auf Social Media
ständig sichtbar. Der Psychiater Leonard Sax (2011) hält in seinem Buch *Girls
on Edge* fest, dass die Wahrnehmung dieser Unterschiede junge Frauen zunehmend unglücklich und depressiv mache. Problematisch sei zudem die Pflege
vieler halb-intensiver Freundschaften, die so viel Energie beanspruche, dass
die Fähigkeit, wirklich tragfähige Beziehungen zu unterhalten, verloren gehe.

Ähnlich argumentiert die amerikanische Soziologin und Psychologin Sherry
Turkle, die sich schon länger mit neuen Medien auseinandersetzt. Sie befürch-
tet, Jugendliche hätten die Fähigkeit verloren, ein Gespräch zu führen. An die
Stelle echter Gespräche sei die Fähigkeiten getreten, »gemeinsam alleine« zu
sein (Turkle, 2011). *Verlust der Rechtschreibung => SMS*

Turkle beschreibt einen 16-Jährigen, der sich wünscht zu lernen, wie man
ein Gespräch führt. Die Möglichkeit, immer auch digital Kontakte zu pflegen,
führe im realen sozialen Umfeld zu einer Isolation. Starrten alle Mitglieder am
Esstisch in ihre Gadgets, wäre das ein Zeichen davon, dass die digitale Kommunikation bequemer sei, so Turkle. Sie ermögliche nicht zu enge, aber auch nicht
zu lose Beziehungen zu pflegen, in denen man sich so präsentieren könne, wie
man wahrgenommen werden wolle. Es sei möglich, Angaben zu ändern und
zu löschen, wenn man das möchte. Gespräche würden in kleine Bestandteile
zerlegt, auf die selektiv zugegriffen werden könne. Ein Gespräch müsse nicht
zu Ende gebracht werden, es könne jederzeit ausgeblendet werden.

Zwischenmenschliche Beziehungen seien dagegen ungeordnet und an-

↓ eher wie Produkt- Präsentation als wie Leben.

spruchsvoll. Technologie helfe dabei, diese Beziehungen zu bändigen. Dabei entstünde eine Verschiebung hin von Gesprächen zu Verbindungen:

> Sich bei Bedarf zu verbinden funktioniert dann nicht, wenn es darum geht, einander zu verstehen und zu kennen. In Gesprächen wenden wir uns einander zu. Wir hören auf den Tonfall und auf Nuancen. In Gesprächen wird von uns verlangt, einen anderen Standpunkt einzunehmen. (Turkle, 2012, übers. von Ph.W.) *=) im vis-a-vis kommen Mimik + Gestik dazu.*

Turkle beschreibt die Konsequenzen dieser Verschiebung als eine Art Zirkel: Weil Technologie uns dabei hilft, anstrengenden Gesprächen aus dem Weg zu gehen, haben wir auch keine Gesprächspartner mehr und wenden uns noch stärker der Technologie zu. Früher sei der Impuls für Gespräche folgender gewesen: »Ich habe ein Gefühl, ich rufe jemanden an.« Heute sei er: »Ich möchte ein Gefühl, ich schreibe eine Nachricht.« (Turkle, 2012) *Telefoniesucht gab es oder gibt es auch.*

In einem Interview weist Turkle auf die Wichtigkeit hin, Mechanismen zu durchschauen, die uns unglücklich machen, damit eine Veränderung möglich wird:

> ZEIT: Sie haben Ihr Buch als einen Brief an Ihre Tochter formuliert, die für ein Jahr ins Ausland gegangen ist. Früher waren Eltern und Kinder in dieser Situation zum ersten Mal wirklich voneinander getrennt – ab und zu ein Brief oder ein kurzes, teures Telefonat. Heute ist jeder zu jeder Zeit anwesend, es gibt keine Entschuldigung mehr dafür, nicht erreichbar zu sein. *doch Medienverweiger werden.*
> Turkle: Ja, und es gilt die Regel »Ich texte, also bin ich«. Es gibt einen großartigen Spruch in der Psychologie: Wenn du deine Kinder nicht lehrst, allein zu sein, dann lernen sie nur, einsam zu sein. Wir versagen, wenn wir sie nicht auf ein Alleinsein vorbereiten, das erfrischend und regenerierend wirkt. Wir trainieren sie für eine lebenslängliche Einsamkeit.
> ZEIT: Und gleichzeitig senden sie Tausende von Nachrichten …
> Turkle: Ja, das ist ein Paradox, das uns mehr und mehr Probleme bereitet.
> ZEIT: Und wie lautet Ihr Rezept dagegen?
> Turkle: Eigentlich bin ich vorsichtig optimistisch, dass ein Wandel einsetzt. Der Grund ist, dass die Menschen, mit denen ich rede, einfach nicht glücklich sind.
> ZEIT: Aber als Psychotherapeutin wissen Sie auch, dass Unzufriedenheit nicht notwendigerweise zu einer Änderung des Verhaltens führt.
> Turkle: Was hilft, ist die Identifizierung unserer Schwachstellen. Des-

halb spreche ich auch nicht von Sucht. Es geht nicht darum, einen »kalten Entzug« zu machen und die Geräte wegzuwerfen. Die Gefahr geht ja von einem unausgewogenen Verhältnis aus – wer das einsieht, kann daran arbeiten, ihnen weniger schutzlos ausgeliefert zu sein. (Turkle, zit. nach Drösser 2011)

Mediensucht   => reden wir von allen Medien oder nur von digitalen Medien?

Nicht alle, die den Umgang mit neuen Medien kritisch betrachten, sind mit dem Begriff der Sucht so zurückhaltend wie Turkle. Manfred Spitzer schreibt beispielsweise salopp: »Digitale Medien machen süchtig und rauben uns den Schlaf« (Spitzer, 2012, S. 274). Er verwendet in seinem Buch mehrmals den Vergleich von digitalen Medien mit harten Drogen, ohne genau festzuhalten, was unter Mediensucht zu verstehen sei. In ihrem Internet-Buch schlagen Sascha Lobo und Kathrin Passig (2012, S. 220) vor, man solle sich eine Welt vorstellen, in der das Videogame vor dem Buch erfunden worden sei. Wie würden Eltern und Erziehende reagieren, wenn Kinder plötzlich Bücher lesen würden? Würde dann nicht auch sofort der Suchtcharakter erwähnt (und die Einsamkeit)? Wir brauchen ständig Medien: Wir schreiben Notizen, lesen Texte, betrachten Bilder. Ohne Medien gibt es keinen Menschen. Das heißt aber nicht, dass alle Menschen mediensüchtig wären.

Um genauer verstehen zu können, was mit Mediensucht gemeint sein könnte, ist die Perspektive des Psychiaters und Therapeuten Bert te Wildt hilfreich, der Medienabhängige (meist gemeint: Computerspielsüchtige) behandelt. Er hält wesentliche Eigenschaften von Medienabhängigkeit fest, die nahelegen, von einem eigenständigen Krankheitsbild zu sprechen (te Wildt, 2012, S. 172 ff.). Medienabhängigkeit sei besonders verheerend, weil sie hauptsächlich Heranwachsende betreffe. Sie verlagerten dabei ihre Beziehungen und ihre Beziehungsarbeit ins Mediale. Indem sie Profile und *Avatare* ihrer selbst erstellen, also mit Ersatz-Ichs den Cyberspace bevölkern, seien sie gezwungen, viel Zeit in den Aufbau dieser simulierten Personen zu investieren und daraus resultierende Beziehungen zu pflegen. Dabei erlebten sie zufällige Ausschüttungen von Belohnungsreizen, die gekoppelt mit entsprechenden Vorgängen im Hirn wie bei Glücksspielen zu Abhängigkeit führen können. Diese »virtuelle Dimension von Beziehungen« führe nach te Wildt dazu, dass »das empathische Moment leidet oder gar verkommen könnte« (te Wildt, 2012, S. 220). Menschen verlieren das Mitgefühl, weil sie außerstande sind, handelnd zu helfen: Sie können im Medialen nur zuschauen. Letztlich böten Medien die Möglichkeit der Realitätsflucht: Realität und Wirklichkeitsansprüche driften dabei auseinander. Kann die Realität die Ansprüche nicht befriedigen, würden sie ins Mediale externalisiert und zum Objekt gemacht.

Diese Einschätzung te Wildts ist differenziert und bezieht sich auf eine Reihe anerkannter Zusammenhänge im Bezug auf Suchtverhalten. Gerade deswegen ist es wichtig, in Bezug auf soziale Netzwerke genau zu argumentieren: Wenn Jugendliche oder auch Erwachsene oft mit ihren mobilen Geräten kommunizieren, lässt sich daraus keine Aussage über eine mögliche Abhängigkeit gewinnen. Kommunikation ist ein zentrales menschliches Bedürfnis. Sucht beginnt dort, wo eigene Bedürfnisse überdeckt, ersetzt, vernachlässigt oder ignoriert werden. Social Media bieten diese Möglichkeit, wie viele andere grundsätzlich unproblematische Tätigkeiten auch, z. B. essen oder arbeiten. Es hilft, sich bei der Diskussion des Suchtpotenzials von Neuen Medien die Debatte über die Lesesucht in Erinnerung zu rufen, in der Ende des 18. Jahrhunderts vor den Gefahren der zunehmenden Lesefähigkeit von Jugendlichen und Frauen gewarnt wurde (Wolschner, 2012).

Beim Nachdenken über Sucht und auch Einsamkeit ist es entscheidend, den digitalen Dualismus zu vermeiden, also die Realität nicht scharf von der virtuellen Welt zu trennen. Internetkommunikation ist eine Erweiterung und Ergänzung der realen Welt. Sie ermöglicht es auch, tragfähige Beziehungen einzugehen. Gerade isolierten Menschen verhelfen die Eigenschaften der von Raum und Zeit gelösten Netzwerke, im Internet ein Zuhause zu finden. Ihre Flucht aus der Realität kann gut begründet sein und weder eine Isolation noch eine Sucht bedeuten, sondern eher eine Therapie.

4. Wie Lehrpersonen *Social Media* nutzen können

Der Einsatz digitaler Medien in der Schule hängt von dem der Lehrpersonen ab. Auch wenn sich ihre Rolle durch neue Formen von Kommunikation verändert, stehen sie mit ihrer Person für die Qualität von Methoden und Inhalten ein. Sie sind die Schnittstelle zwischen der Organisation Schule und den Schülerinnen und Schülern, sie verstehen die Funktionsweise der Organisation und haben einen Einblick in die Lebenswelt der Jugendlichen. Sie sind es deshalb, die den digitalen Wandel an der Schule wesentlich prägen.

Die beruflichen Anforderungen an Lehrpersonen wurden in den letzten zwanzig Jahren ständig weitreichender und komplexer. Das hängt von verschiedenen Faktoren wie den sozialen und wirtschaftlichen Bedingungen von Bildung ab. Die steigende Verfügbarkeit von Informationen und die Geschwindigkeit ihrer Veränderung tragen aber wesentlich dazu bei. Heute reicht ein Studium nicht dazu aus, um sich ein Fundament an Fachwissen anzueignen, das lang- oder mittelfristig Gültigkeit hat. Fakten und damit Wissen sind dynamischer geworden. Lehrpersonen müssen sich permanent informieren, um neue Forschungsergebnisse in ihren Unterricht einbauen zu können. Gleichzeitig wird erwartet, dass sie ihren Unterricht stärker dokumentieren und intensiver mit den Lernenden und ihren Eltern kommunizieren; ihre Lehrtätigkeit wird zunehmend standardisiert und ihre Verantwortung im pädagogischen Bereich ausgebaut.

Der veränderten Rolle der Lehrenden und den gestiegenen Anforderungen können diese mit neuen Werkzeugen begegnen. Im Folgenden wird die Eignung von Social Media für den Umgang mit Wissen und mit den Anforderungen permanenter Kommunikation geprüft. Gelingt es Lehrpersonen, für sich selbst Praktiken des Web 2.0 produktiv einzusetzen, so sind sie auch in der Lage, sie im Unterricht einzusetzen und damit eine innovative Schul- und Lernkultur zu ermöglichen.

Das Kapitel zeigt zuerst auf, mit welchen Entscheidungen Lehrpersonen in Bezug auf ihre Online-Präsenz konfrontiert sind, und entwickelt dann Szenarien für einen produktiven Einsatz der Netzwerke. Abschließend wird geprüft, wie Gefahren beim Einsatz begegnet werden kann.

Möglichkeiten durch Benutzung von Social Media

Das Potenzial von Social Media in der Lehre ist den Unternehmen, welche soziale Netzwerke betreiben, sehr bewusst. Es werden immer mehr Anwendungen entwickelt, mit denen die Bedürfnisse von Lehrpersonen berücksichtigt werden können. Ein Beispiel ist das spezielle Programm »Gruppen für Schulen«, das Facebook im April 2012 lanciert hat.

Facebook hat auch einen »Educators Guide« publiziert (Philipps, Baird, Fogg, 2011), in dem technische Grundlagen und Einsatzgebiete im schulischen Bereich aufgezeigt werden. Konkret sind es folgende Möglichkeiten, die Lehrpersonen durch die Beschäftigung mit dem Netzwerk laut Facebook erhalten. Sie können:

1. konstruktiv bei Schulregeln für Social Media mitarbeiten.
2. Schülerinnen und Schüler über Richtlinien für sicheres Verhalten auf Social Media zu informieren.
3. in Bezug auf Sicherheit und Privatsphäre auf FB up-to-date sein.
4. Verhaltensregeln für digitale Kontexte reflektieren und vermitteln.
5. über Facebook-Seiten und -Gruppen mit Eltern, Schülerinnen und Schülern im Kontakt bleiben.
6. digitale, soziale und mobile Lernmöglichkeiten von Schülerinnen und Schülern des 21. Jahrhunderts verstehen.
7. Facebook zum persönlichen Wissensmanagement und zur professionellen Vernetzung nutzen.

Diese Auslegeordnung zeigt, wie breit gefächert das Potenzial von Social Media selbst dann ist, wenn der Fokus auf Facebook beschränkt wird. Entscheidend ist, dass Kompetenzen beiläufig entstehen. Die Nutzung von Social Media ist keine Bedingung dafür, moderne Mediennutzung zu verstehen, hilft aber dabei. Die Bedeutung der Privatsphäre im Unterricht zu entwickeln oder Schulreglemente kritisch zu prüfen, fällt leichter, wenn Lehrpersonen über einen medialen Erfahrungshintergrund verfügen, der Social Media beinhaltet. Dasselbe gilt für neuartige Lernprozesse, die erst dann verstanden werden, wenn sie im eigenen Lernen erprobt und regelmäßig eingesetzt werden.

Sollen Lehrpersonen auf Social Media präsent sein?

Präsenz auf Social Media soll zurückhaltend aufgebaut werden. Wichtig ist, dass die Nutzung der Netzwerke nicht Selbstzweck ist: Wer sich ein Facebook-Konto oder ein Twitter-Profil einrichtet, um diese Netzwerke einmal auszuprobieren, wird kaum den Willen und die Ausdauer haben, um darauf einen professionellen Eindruck zu hinterlassen und sich ein hilfreiches Netzwerk aufzubauen. Auch Selbstdarstellung sollte nicht im Vordergrund stehen, wenn Neue Medien beruflich eingesetzt werden.

Für Lehrpersonen gibt es grundsätzlich fünf wesentliche Gründe, weshalb sie auf Social Media beruflich präsent sein könnten:

1. Aneignung von Kompetenzen,
2. Wissensmanagement,
3. Vernetzung mit anderen Lehr- und Fachpersonen,
4. Einsatz von Social Media im Unterricht und zur Begleitung des Unterrichts,
5. Publikation von Unterrichtsmaterialien.

Diese Gründe werden in den folgenden Abschnitten ausführlich besprochen. Auf jeden Fall sollte vor der Entscheidung, ein Profil zu eröffnen, der bewusste Wunsch stehen, mit dem Profil etwas zu erreichen. Es ist sinnvoll, die Zielvorstellung dazu zu verschriftlichen.

Jedes einzelne Profil auf jeder einzelnen Plattform muss für einen professionellen Eindruck den Regeln der Netzwerke entsprechend betreut werden. Diese Betreuung hat drei Ebenen:

sozial

Fast alle Profile bieten die Möglichkeit der sozialen Vernetzung. Es muss also entschieden werden, mit wem man sich (wozu) vernetzen will und mit wem nicht. Dazu muss man auch hinter die Profile schauen und abschätzen können, um wen es sich handelt. Keine Lehrperson will sich beispielsweise dem Vorwurf aussetzen, ein Netzwerk mit Neonazis zu pflegen.

inhaltlich

Die Profile müssen mit sinnvollen Inhalten befüllt werden. Eine Lehrperson sollte im Idealfall ihr Interesse für ihr Fach demonstrieren und einladende digitale Angebote aus diesem Fachbereich anbieten. Dafür braucht es einen gewissen Rechercheaufwand. Zudem sollte auf inhaltliche Anregungen reagiert werden.

kommunikativ

Jedes Profil bietet anderen Menschen die Möglichkeit der Kontaktaufnahme. Nachrichten müssen in vernünftiger Frist gelesen und beantwortet werden.

Wer Profile betreibt, ohne sie zu betreuen, verärgert Menschen, die den Aufwand betreiben, dem Profil zu folgen, einen Kontakt herzustellen oder eine Mitteilung zu verschicken.

Berufliches Erscheinungsbild und Privatleben

Im November 2012 erhielt die deutsche Politikerin Birgit Rydlewski die Aufmerksamkeit der deutschen Boulevardmedien. Das Mitglied des Landtags von Nordrhein-Westfalen benutzte während der Landtagssitzungen intensiv Twitter, um ihre Gedanken und ihre Befindlichkeit mitzuteilen, wie das in der Piratenpartei, der Rya, so ihr Pseudonym, angehört, üblich ist. Berichtenswert waren für den Boulevard zwei Dinge: dass Rydlewski auch über ihr Sexualleben und ihre Müdigkeit in Landtagsitzungen twitterte.

In einem Kommentar zu dieser Art der Berichterstattung hielt die Bloggerin Claudia Klinger fest, dass Social Media Privatleben und berufliche Funktion immer stärker verzahnten:

> Das Problem, auf dem derzeit viele gern ihr eigenes Süppchen kochen, ist der Zusammenfall der (»privaten«) Person und der (»öffentlichen«) Funktion durch die sozialen Medien. Damit hat unsere Kultur keine Erfahrung, sämtliche Gepflogenheiten des (öffentlichen und privaten) Umgangs basieren auf dieser Trennung. (Klinger, 2012)

Birgit Rydlewski war vor ihrer politischen Karriere Lehrerin am Berufskolleg. In ihrem angestammten Beruf hätte ihr ihre Freizügigkeit in der Veröffentlichung privater Eindrücke und Erlebnisse ähnliche Schwierigkeiten einbringen können wie im politischen.

Die Schule kennt eine lange Tradition, das berufliche Auftreten von Lehrpersonen von ihrem Privatleben abzugrenzen. Letzteres ist generell kein Thema im Unterricht, auch wenn nicht auszuschließen ist, dass Schülerinnen und Schüler vereinzelt Einblicke erhalten.

Wenn Lehrpersonen Social Media für ihr privates Netzwerk verwenden und Ferienfotos austauschen, Partnerinnen und Partner kennenlernen, ihre politische Meinung äußern, sich über ihre Kinder unterhalten oder schlicht Unfug treiben, dann ist das ihr gutes Recht. Dennoch findet unweigerlich eine Auflösung der etablierten Trennung von beruflicher und privater Tätigkeit statt: Erstens sind Einträge in sozialen Netzwerken immer halb-öffentlich. Ganz gleich, wie sorgfältig Privatsphären-Einstellungen vorgenommen werden, man ist immer darauf angewiesen, dass alle Personen, mit denen man sich vernetzt, ähnlich vorsichtig sind. Zweitens finden Social Media immer häufiger auch in einem beruflichen Kontext Einsatz, wodurch digitale Formen der Abgrenzung (z. B. eine private und eine berufliche E-Mail-Adresse etc.) schnell hinfällig werden. Drittens kann es auch im Interesse der Schule oder der Lehrperson sein, sich über Social Media zu vernetzen und so Unterrichtsinhalte – auch mit einem persönlichen Touch – öffentlich zu präsentieren.

Ein ganz einfaches Beispiel belegt die Vermischung von privaten und beruflichen Aktivitäten: Es könnte sinnvoll sein, eine Facebook-Gruppe für Klassen zu gründen, in der Hausaufgaben oder Unterrichtsmaterialien diskutiert werden können. Lehrpersonen könnten so Schülerinnen und Schüler coachen, sie zu Hause an Aufgaben arbeiten lassen und ähnliche Vorteile didaktisch nutzen. Sofort stellen sich aber Fragen: Nutzt man dafür ein bereits bestehendes, auch privat genutztes Profil? Erhalten Schülerinnen und Schüler so unter Umständen auch einen Einblick in die private Verwendung des Netzwerks? Sollen auch Eltern und andere Interessierte Zugang zur Gruppe erhalten, oder nicht?

Als Reaktion auf diese Fragen müssen Wege gefunden werden, um Risiken korrekt einzuschätzen, ohne dabei das Potenzial neuer Medien aus dem Blick zu verlieren. Die folgenden Abschnitte zeigen, wie das gelingen kann. Für die Trennung oder Verbindung von privater und beruflicher Kommunikation auf Social Media bieten sich vier Möglichkeiten an:

1. *Komplette Verbindung:* Der persönliche Auftritt ist kompatibel mit dem beruflichen gestaltet. Eltern, Schülerinnen und Schüler, Mitarbeitende und Schulleitungen können Einblick nehmen. Erforderlich sind ein starkes Bewusstsein und eine klare Filterung. Ein solches Vorgehen verhilft zu einem professionellen und authentischen Auftritt.

2. *Zwei Profile:* Ein berufliches »Herr Müller«- oder »Frau Schmidt«-Profil wird von einem privaten »Tim Müller«- oder »Pseudonym«-Profil getrennt. Berufliche Kommunikation erfolgt auf dem einen, private auf dem anderen Profil. Der Aufwand wird größer, gleichzeitig ist aber eine Abgrenzung der Privatsphäre von zu neugierigen Schülerinnen, Schülern und Eltern leicht möglich.

3. *Trennung von Netzwerken:* Im schulischen Umgang mit Social Media werden nur dafür geeignete Netzwerke verwendet. Auf Facebook gibt es z. B. die Möglichkeit der Einrichtung einer Seite, über die Kommunikation mit Eltern und Schülerinnen und Schülern laufen kann. Es gibt aber auch spezielle Netzwerke für Schule und Unterricht, wie das derzeit leider nur in Englisch verfügbare *lore. com* oder die flexibel einsetzbare Wiki-Software. Sie sind vom Funktionsumfang her mit den populären Seiten durchaus vergleichbar und ähnlich einsetzbar. Auch hier gilt wie bei der Profil-Trennung: größerer Aufwand, aber klare Grenzen.

4. *Abstinenz:* Der Verzicht auf Social Media ist privat sicher denkbar. Kommunizieren lässt sich auch problemlos per E-Mail oder Telefon. Beruflich kann es durchaus sein, dass es verbindliche schulische oder didaktische Vorgaben in Bezug auf Social Media gibt. Die Frage ist, ob eine erzwungene oder

> freiwillige Zurückhaltung letztlich glaubwürdige Kommunikation ermöglicht. Wenn Social Media zu Staubsaugern werden, dann wird es wohl auf die lange Frist keine Menschen ohne Staubsauger geben, die nicht als Sonderlinge durch die Welt gehen. Wer heute keine Spuren im Netz hinterlässt, fällt auf und muss (dem möglicherweise nicht zu rechtfertigenden) Vorwurf begegnen, in diesem Bereich keine Kompetenz zu besitzen.

Wichtig ist, dass hier bewusst Lösungen gewählt werden, die umsetzbar und nachvollziehbar sind. Man muss als Lehrperson damit rechnen, dass der Auftritt auf Social Media Teil der beruflichen Qualifikation ist bzw. wird. In Anstellungs- oder Qualifikationsgesprächen können und sollen Haltungen durchaus zum Thema werden. Sich zumindest im Bezug auf die eigene Profession mit Social Media auseinanderzusetzen, erscheint daher als unumgänglich. Dabei tut man gut daran, klaren Regeln zu folgen, die man auch kommunizieren kann.

Bezüglich des Führens von Blogs, auf denen Lehrpersonen ihre Schulerfahrungen dokumentieren, taucht immer wieder die Frage auf, ob es sinnvoll ist, solche Beiträge anonym zu verfassen, oder nicht (Metz, 2012). Für die Anonymität spricht die Möglichkeit, über Erlebnisse und Gefühle zu sprechen, ohne die Privatsphäre von Schülerinnen, Schülern und anderen Lehrpersonen zu verletzen oder sich selber zu stark zu exponieren. Andererseits ist gerade die Vernetzung mit Lernenden und anderen Lehrenden nur dann glaubwürdig möglich, wenn klar ist, wer hinter den Texten steht. Meinungen und Diskussionsbeiträge von anonym agierenden Menschen haben im Internet meist weniger Wert als solche von Profilen mit Klarnamen. Anonymität ist zudem oft eine Illusion. Selbst für erfahrene Profis wird es zunehmend schwieriger, ihre Identität im Internet zu verschleiern.

Interaktion mit Schülerinnen und Schülern auf Social Media

Auch für die Kommunikation mit Schülerinnen und Schülern auf sozialen Netzwerken sind klare Regeln zu empfehlen. Für viele pädagogische Aufgaben ist es wichtig, niedrigschwellige Gesprächsmöglichkeiten auch außerhalb des Unterrichts anzubieten. Lehrpersonen müssen – innerhalb klarer Rahmenvorgaben – erreichbar sein und Vertrauensverhältnisse zu den Schülerinnen und Schülern aufbauen, für die sie verantwortlich sind. Damit eröffnen Social Media eine Chance für die Kommunikation mit Lernenden: Über Twitter oder Facebook können wichtige Themen direkt angesprochen und diskutiert werden. Ebenso kann außerhalb des Unterrichts Interesse gezeigt werden, auch für Probleme. Diese Kommunikation ist öffentlich einsehbar: Mitschülerinnen und Mitschüler, Eltern, Schulleitungen und andere Lehrpersonen können mitlesen. Es passiert nichts, was nicht alle sehen und lesen könnten. Es ist sogar möglich, dass sich andere an Diskussionen und Gesprächen beteiligen.

Gleichzeitig braucht es aber auch deutliche Grenzen zu klar privaten Bereichen. Das gilt auf beide Seiten: Auch Schülerinnen und Schüler nutzen Social Media mit Recht auf private Kommunikation, in die Lehrpersonen (und, je nach Alter der Jugendlichen, auch Eltern) keinen Einblick haben sollen.

Die Grenzen sind umso wichtiger, weil Facebook auch mit der Gefahr des Missbrauchs in direktem Zusammenhang steht. Wichtige Grenzen zwischen Lehrenden und Lernenden würden durch Facebook verwischt, wie in einem taz-Artikel zu lesen ist:

> »Sieht eine Lehrerin auffällige Fotos oder Beleidigungen ihrer Schüler, steht sie vor schwierigen Entscheidungen. Ist das privat oder nicht? Soll sie einschreiten oder nicht?«, fragt sich Heinz-Peter Meidinger, Bundesvorsitzender des Deutschen Philologenverbandes. Ein Pädagoge sei zur Objektivität verpflichtet. Wenn er nur mit einigen Schülern »befreundet« sei, sei er nicht mehr unabhängig, meint Meidinger. [...] Facebook fördert Täter immens – behauptet die Psychotherapeutin Julia von Weiler. Sie kämpft seit Jahren in dem Verein »Innocence in danger« aktiv gegen Kinderpornografie und sexuellen Missbrauch im Netz. »Das ist eine große Möglichkeit, um die Verbindungen mit potenziellen Opfern zu verstärken und intim werden zu lassen, durchgängig und unausweichlich, 24 Stunden am Tag«, erklärt von Weiler. »Wenn wir über Facebook kommunizieren, sehen wir den Gesprächspartner nicht und interpretieren in seine Antworten etwas hinein. Das kann gefährlich werden, weil wir den Computer abschalten können, aber nicht unseren Kopf«, sagt die Psychotherapeutin. (Gehrke, 2012)

Diese Aussagen lassen sich zu vier Argumenten verdichten: Erstens erschweren es soziale Netzwerke Lehrpersonen, innerhalb der professionellen Grenzen ihres Berufs zu agieren. Sie schaffen zweitens Ungleichheiten zwischen Beteiligten und Unbeteiligten und werden drittens bei Missbrauchsfällen häufig genutzt; ja, potenzielle Täter werden viertens durch soziale Netzwerke sogar in Versuchung geführt. Besonders problematisch ist, dass Facebook eine Atmosphäre begünstigt, in der das so genannte Grooming beziehungsweise Cyber-Grooming stattfinden kann: Die Darstellung des eigenen Körpers auf Bildern und in Videos erlaubt es, anzügliche und übergriffige Bemerkungen als Kompliment zu verkleiden, sie als den Facebook-Normen entsprechend zu präsentieren.

Besonders das letzte Problem spricht auch die Psychologin Ethel Quayle an:

> Und es geht zum Beispiel darum, welche Form und Inhalte digitaler Bilder nicht länger der professionellen Beziehung zwischen Lehrer und Schüler angemessen sind. Daraus ergibt sich dann beispielsweise häufig die Frage, wann der Erwachsene die Grenze überschreitet und eine romantische oder explizit sexuelle Beziehung zu SchülerInnen beginnt. […]
>
> In der Onlinekommunikation haben strategisch agierende Täter noch größere Vorteile gegenüber Jugendlichen, die eben nicht strategisch, sondern authentisch auf der Suche sind. Daraus ergeben sich mehr Möglichkeiten für Grenzüberschreitungen. Die Grenzüberschreitungen selbst sind denen in der Offlinewelt sehr ähnlich, und die meisten von uns erkennen, wo die Risiken liegen. Nämlich da, wo ein Lehrer zum Freund wird und beginnt, persönliche oder sexuelle Inhalte zu teilen. Hier lauert die Gefahr – dass LehrerInnen ihre Überlegenheit als einflussreiche Erwachsene über einen minderjährigen Schüler ausnutzen können. (zit. nach Gehrke, 2012)

Es gibt also starke Argumente für und gegen eine Beziehung zwischen Lehrpersonen und ihren Schülerinnen und Schülern auf sozialen Netzwerken. Welche Lösung im konkreten Fall die optimale ist, hängt von verschiedenen Faktoren ab:

1. Vorgaben der Schule: Die Schulordnung oder die Schulleitung können explizite oder implizite Vorgaben machen, die zu beachten sind.
2. Verhinderung von Ungleichheiten: Bietet man auch auf Social Media passiven Schülerinnen und Schülern die Möglichkeit für Interaktion? Schließt man nicht auf den Netzwerken präsente Schülerinnen und Schüler von der Möglichkeit eines engen Kontaktes zur Lehrperson aus?
3. Bedürfnisse und Interessen der Beteiligten: Es gibt Lernende, die ein starkes Bedürfnis haben, sich mit Lehrenden auszutauschen; aber auch Lehrende, die außerhalb des schulischen Kontexts keine Beziehung zu Schülerinnen und Schülern aufrecht erhalten möchten.
4. Gestaltung der Profile: Klar private Profile von Lehrpersonen eigenen sich z. B. nicht für einen direkten Kontakt mit Schülerinnen und Schülern.

Letztlich wird entscheidend sein, wie überzeugend und transparent eine Haltung kommuniziert und begründet werden kann. Gegenüber der Schulleitung, den Eltern, den Schülerinnen und Schülern, aber auch gegenüber den anderen Lehrpersonen, die für sich selber auch eine Lösung finden müssen. Ausweichen kann man der Frage nach der digitalen Präsenz nicht: Auch die Lücke, die man auf sozialen Netzwerken hinterlässt, fällt heute auf und wird entsprechend interpretiert.

Persönliches Wissensmanagement mit Social Media

Zum Lehrberuf gehört Wissensmanagement. Damit ist der Umgang mit neuem und bestehendem Wissen gemeint. Der Begriff Wissensmanagement meint konkret vier Arbeitsschritte:

1. Neue Informationen finden, danach suchen, unverhofft darauf stoßen; recherchieren, nachschlagen und Inputs aufnehmen.
2. Sammeln, Speichern oder Ablegen der Informationen.
3. Die Informationen strukturieren: sie in Beziehung setzen, gewichten, auswählen, archivieren, aus der Sammlung entfernen.
4. Die Informationen so verarbeiten, dass man mit dem Resultat an die Öffentlichkeit treten kann.

Diese vier Schritte im Wissensmanagement können gut am Beispiel der Tageszeitung vorgeführt werden:

Die informierte Lehrperson liest am Morgen eine Tageszeitung: Dort findet sie Informationen, manchmal auch unverhofft. Diese Informationen sammelt sie, indem sie interessante Artikel rausreißt. Die so gewonnenen Dokumente werden strukturiert: Ein gefalteter Artikel wird möglicherweise an der richtigen Stelle in ein Buch gelegt oder beim richtigen Thema in einem Ordner abgeheftet. Bei der Vorbereitung wird er gefunden und dann möglicherweise in eine Publikation umgewandelt: Es entsteht beispielsweise ein Arbeitsblatt oder eine Kopiervorlage.

Dieser Prozess wird durch Social Media nicht verändert, er wird jedoch durch zusätzliche Optionen angereichert. Die Möglichkeiten zum Finden, Sammeln und Publizieren von Informationen werden vielfältiger.

Der entscheidende Schritt ist, Social Media als ein Werkzeug für Wissensmanagement zu verstehen. Dazu müssen die Vorurteile ausgeräumt werden, auf Facebook würden hauptsächlich unterhaltsame Bilder publiziert und Twitter diene dazu, Kalauer zum Zeitgeschehen abzusondern. Fast alle relevanten Inhalte sind auch in Social Media präsent: Zeitungsartikel, Fachaufsätze und Studien werden verlinkt, kommentiert und diskutiert, in Netzwerken von Fachpersonen. Diese Information erfolgt sehr schnell und thematisch stark fokussiert. Wer sich für Kunstgeschichte interessiert, muss nicht jeden Tag die einschlägigen Feuilletons nach Artikeln durchsuchen, sondern baut sich ein Netzwerk auf, in dem kunstgeschichtlich Interessierte Inhalte austauschen. Da tauchen dann die Artikel aus den Feuilletons automatisch auf, aber auch viele andere, die möglicherweise ohne das Hilfsmittel Social Media nicht erreichbar wären. Zudem ist das Finden von zufällig erscheinendem Material viel einfacher möglich. Denn wenn ein Interesse an bestimmten Themen für andere erkennbar ist, werden Informationen auch direkt angeboten.

Wenn es dann um das Sammeln und Strukturieren der Inhalte geht, braucht es ein gewisses technisches Know-how. Die Benutzung des Internets wird oft mit dem Verb »surfen« beschrieben. Damit wird die Gefahr evoziert, dass man nur über Texte gleite, sich nicht in sie vertiefe und den Kontakt schnell wieder zu verliehen drohe. Dagegen muss etwas unternommen werden. Es gibt eine Reihe von Tools, mit denen das Ablegen und Strukturieren von wichtigen Webseiten mühelos möglich ist. Dienste wie *Instapaper* oder *Pocket* lassen sich in fast jeden Browser integrieren und legen ein automatisches Archiv mit allen wichtigen Inhalten an. Es lässt sich mit Schlagworten versehen, sodass ich später leicht alle z. B. mit »Kunstgeschichte« markierten Artikel finden kann.

Auch die Publikation von Inhalten kann über Social Media erfolgen. Gerade bei der Vorbereitung kann das Teilen von Ideen und Unterrichtsplänen – z. B. auf einem eigens dafür eingerichteten Blog oder auf einem Wiki – dabei helfen, Feedback zu erhalten und einzelne Aspekte zu vertiefen. Man präsentiert sein Denken und seine Entwürfe einer interessierten, meist hilfsbereiten Community und verbessert sie dadurch. Einzelne Kapitel dieses Buches wurden noch in einer Rohfassung geeigneten Leserinnen und Lesern vorgelegt, die direkt Anregungen hinterlassen konnten. Social Media hält schnelle Publikationskanäle bereit, in denen der Zustand des Entwurfs durchaus akzeptabel ist – man muss nicht erst dann publizieren, wenn ein Inhalt fertig bearbeitet ist, und kann laufend Verbesserungen und Anpassungen vornehmen.

Zudem sind Social Media-Tools ideal für Kollaboration. Die Technologie hinter Wikipedia kann für individuelle Projekte genutzt werden, an denen Teams von Mitarbeitenden beteiligt sind. Wissen kann so vernetzt gesammelt, aktualisiert und archiviert werden. Ein weiteres Beispiel sind die Dienste von Google: *Google Docs* ist ein komplettes Office-Paket, das auf jedem Browser zugänglich ist und alle Daten auf einem Google-Server (also in der so genannten *Cloud*) speichert. So sind sie von jedem Computer oder mobilen Kommunikationsgerät her abruf- und bearbeitbar: Ohne Installation von Software und ohne Kosten. Diese Daten können allein oder in Zusammenarbeit mit anderen Menschen bearbeitet werden. So können leicht Gruppenarbeiten erledigt werden, ohne dass Dokumente erst per Mail verschickt werden müssen. Zudem kann auf dem sozialen Netzwerk *Google Plus* auch eine Kommunikation über die Inhalte stattfinden. Diese Kommunikation ist im echten Sinne multimedial: Ein Stream wie bei Facebook wird begleitet von der Möglichkeit, mit so genannten Hangouts Videotelefonie zu betreiben, zu der parallel auch Dokumente bearbeitet oder Bildschirminhalte geteilt werden können.

Bei alle diesen Vorschlägen handelt es sich nicht um Ratschläge. Viele Menschen, die professionell mit Wissen umgehen und es managen, haben eigene, optimierte Techniken, wie sie das tun. Aber die Kraft von Social Media liegt darin, dass diese Inhalte in Beziehungsnetzen kursieren und die Interessen anderer Menschen nutzbar gemacht werden können. Zusammenfassend gesagt, erleichtern Social Media den Zugang zu Wissen und seine Weiterverarbeitung.

Persönliche Lernnetzwerke

In seinem Buch »Net Smart« beschreibt Howard Rheingold, wie er angefangen hat, sich über Social Media in der Bildung Gedanken zu machen:

> Als ich verstand, wer was über Social Media in der Erziehung wusste, schränkte ich meinen Fokus auf die ein, die am meisten wussten. Ich widmete meine Aufmerksamkeit denen, welchen auch die Expertinnen und Experten Aufmerksamkeit schenkten. Ich fügte weitere Personen hinzu, entfernte andere; ich hörte zu, folgte und begann dann zu kommentieren und Gespräche zu führen. Wenn ich etwas fand, von dem ich dachte, es könnte auch die Menschen interessieren, von denen ich lernte, teilte ich es auf meinen Blogs und auf Twitter. Ich verbreitete auch Informationen, die ich von anderen erhielt. Ich stellte Fragen, bat um Hilfe, und begann denen zu antworten und Hilfe anzubieten, die weniger zu wissen schienen als ich. (Rheingold, 2012, S. 212 f., übers. von Ph.W.)

Rheingold beschreibt, wie er unbewusst ein PLN, also ein Personal Learning Network bzw. ein persönliches Lernnetzwerk aufbaute. Er empfiehlt eine einfache didaktische Übung, um die Möglichkeiten von PLNs im Unterricht zu demonstrieren: In Partnerarbeit sollten Fragen zu einem Unterrichtsthema gestellt werden. Wenn eine der Partnerinnen die Frage beantworten kann, stellt man weitere Fragen. Finden beide keine Antwort, schreibt man die Frage auf. Im Anschluss an diese Arbeitsphase treffen sich alle Lernenden und stellen sich die Fragen, auf die sie selbst noch keine Antworten gefunden haben. Meistens findet sich jemand, der oder die eine Antwort kennt.

PLN wenden diese Mechanismen nun in Netzwerken von Expertinnen und Experten an. Dabei lernen die Teilnehmenden für sich und miteinander. Sie suchen gemeinsam nach weiteren Lernenden, Lehrenden, Lernmaterialien, Methoden und Informationen.

Im Idealfall erfüllen PLNs zwei wichtige didaktische Forderungen: Erstens individualisieren sie Lernprozesse vollständig, zweitens ermöglichen sie eine permanente Reflexion der Lernprozesse, die zu einer kontinuierlichen Verbesserung der Lernmethoden und der PLNs führen.

Voraussetzung sind aber die digitalen Kompetenzen, die Rheingold in seinem Buch ausführlich beschreibt, vordringlich die Fähigkeit, seine Aufmerksamkeit fokussieren zu können und sich von den vielen Inputs und Beziehungen nicht ablenken zu lassen.

Die PLN-Kultur baut sich, so Rheingold, aus acht Prozessen auf. Sie sind am einfachsten zu verstehen, wenn man sich vorstellt, man wollte ein PLN zu einem völlig neuen Gebiet aufbauen, z. B. seinem eigenen Fach oder einer neuen Lehrmethode.

1. In interessanten Medien und Netzwerken offen stöbern.
2. Gezielt nach Informationen und Expertinnen und Experten suchen.
3. Ihnen auf ihren Kanälen folgen und sich überlegen, ob sich das lohnt.
4. Sein eigenes Netzwerk immer wieder neu abstimmen und verbessern (man muss den Menschen, die einem folgen, selbst nicht folgen).
5. Wichtige Informationen und Inhalte verbreiten: mit inhaltlichem, sozialem oder auch Unterhaltungswert.
6. Mit anderen Menschen in Beziehung treten: Nicht zu forsche Forderungen stellen, sondern Aufmerksamkeit zeigen.
7. Fragen stellen, besonders dann, wenn die Antworten auch für andere im eigenen PLN nützlich sein können.
8. Auf Fragen antworten – auch hier nicht auf Gegenseitigkeit spekulieren, sondern mit gutem Beispiel vorangehen.

So häuft man soziales Kapital an, das auf Netzwerken beruht, in denen Vertrauen herrscht. Dieses soziale Kapital befähigt einen, Lernprozesse außerhalb etablierter Institutionen durchzuführen. Das ist für Lehrpersonen wichtig, weil sie ja selten eingebunden sind in permanente Weiterbildungsprozesse, sondern diese weitgehend selbstständig organisieren. Ihre Kenntnisse über Aufbau und Funktionsweise von PLNs befähigen sie aber auch, Schülerinnen und Schülern dabei zu helfen, sich zu vernetzen. Sinnvoll erscheint dies in Bezug auf größere Projektarbeiten, selbstständiges Lernen, besondere Begabungen oder private Interessen. Die Bildungsexpertin Lisa Rosa schreibt dazu:

Für Lehramtsstudierende, jene also, die Anderen, Jüngeren, das Lernen Lernen »beibringen« sollen, gehören Aufbau, Nutzung und Pflege eines PLN zur Grundaufgabe. Es ist die Voraussetzung nicht nur für die eigene selbstgesteuerte (autodidaktische) Lerntätigkeit, sondern selbstverständlich auch die Voraussetzung für die darüberhinausgehende notwendige Fähigkeit, andere im Lernen Lernen anzuleiten. In der darauffolgenden Dekade – also bis 2033 – müsste es Standard werden, dass Schüler mit einem Zertifikat für Studierfähigkeit (heute Abitur genannt) ein solches PLN aufgebaut haben, es nutzen, pflegen und aktualisieren. (Rosa, 2012a)

Im deutschsprachigen Bildungsbereich gibt es auf Social Media viele präsente Expertinnen und Experten. Man findet sie in geeigneten Facebook- oder Google Plus-Gruppen, wo sie interessante Fundstücke publizieren und Diskussionen führen, aber auch auf Twitter, wo meist Verweise auf lesenswerte Blogs oder Artikel zu finden sind. Die Gruppe der auf Social Media präsenten Lehrpersonen und an Bildung Interessierten wächst ständig. Entscheidend ist aber, dass es kaum fertige Netzwerke gibt, in die man eintreten kann. Vielmehr baut man ein eigenes, individuelles Netzwerk auf, das auch auf die eigenen, sich ändernden Bedürfnisse abgestimmt werden kann. Voraussetzung ist aber, dass man nicht nur in einer aktiven oder passiven Rolle präsent ist, sondern sich im Sinne der Kommunikation von Social Media vernetzt.

Die Möglichkeiten einer Web 2.0-Präsenz von Lehrpersonen

Wissensmanagement und persönliche Lernnetzwerke sind Möglichkeiten, mit denen Lehrpersonen die Anforderungen ihres Berufes durch Social Media meistern können. Eine Präsenz auf den verschiedenen Netzwerken enthält aber eine Reihe weiterer Möglichkeiten, die hier kurz skizziert werden sollen. Für sie alle gilt, was zu Lernprozessen auf Social Media bereits festgehalten worden ist: Bevor experimentelle Profile eröffnet werden, die mit viel Aufwand diffuse Ziele verfolgen, ist es empfehlenswert, einigen aktiven Lehrpersonen im Netz zuzusehen und allenfalls nachzufragen, wie und warum sie so und nicht anders agieren.

Die Präsenz auf Social Media, so die bekannte 90–9–1-Regel (Nielsen 2006), besteht für 90 Prozent der Userinnen und User aus Lektüre, für neun Prozent zusätzlich aus Kommentieren und nur ein Prozent erstellt eigene Inhalte. Man kann diese Verhältnisse auch auf das eigene Verhalten im Web 2.0 runterbrechen: Auf einen eigenen Beitrag sollten neun Kommentare und die Lektüre von 90 Texten kommen. Diese Norm ist nicht unumstößlich, aber eine gute Richtlinie, die einem dabei hilft, eigene Aktivität mit der Rezeption der Präsenz von anderen zu verbinden.

Geht man vom Wissensmanagement aus, dann bieten sich Blog- oder Wiki-Plattformen an, auf denen Inhalte geteilt und kommentiert werden können. Hierbei gibt es einen großen Fächer von Möglichkeiten: Im minimalen Fall werden einfach interessante Links abgelegt, die für die Unterrichtsvorbereitung oder begleitend zum Unterricht verwendet werden. Dafür eignen sich auch Mikro-Bloggingdienste, wie sie Twitter, Facebook und Google Plus anbieten, sehr gut. Wahlweise können dort auch Kommentarfunktionen für Diskussionen genutzt werden. Zudem ist leicht einstellbar, ob es sich um einen persönlichen Datenfluss handelt, der nur einem eingeschränkten Personenkreis zugänglich sein soll (z. B. den Lehrpersonen einer Schule, die dasselbe Fach unterrichten, den Schülerinnen und Schülern einer Klasse etc.), oder ob er öffentlich lesbar sein soll. Diese Links könnten aber auch zu eigentlichen Blogtexten verarbeitet werden, die vielleicht kurze Zusammenfassungen, Wertungen, Einordnungen beinhalten. Auch dafür können natürlich Netzwerke wie Facebook oder Google Plus genutzt werden, für längere Texte und den Einbau von Bildern etc. sind Blogplattformen wie Wordpress oder Blogger komfortabler. Sie können mit geringem Aufwand genutzt werden und bieten Texteditoren an, die gebräuchlichen Textverarbeitungsprogrammen gleichen. Diese Blogs sind keineswegs persönlicher Natur, sondern enthalten sachliche Diskussionen, die sich nicht direkt an Schülerinnen und Schüler richten, sondern dokumentieren, aus welchem Angebot letztlich die Inhalte ausgewählt werden, die im Unterricht auftauchen. Lehrpersonen können gut auch ihre persönlichen Steckenpferde als Blogthema verwenden und so dokumentieren, dass sie ausgewiesene Fachpersonen mit eigenen Interessen sind.

Werden Blogs noch etwas ausgebaut oder Webseiten eingesetzt, ist es möglich, Unterrichtsmaterialien bereitzustellen. So können sich Schülerinnen und Schüler einfach digital bedienen. Das Material steht aber auch anderen Lehrpersonen und einer interessierten Öffentlichkeit zur Verfügung. Man teilt sein Wissen. Dieser eigentlich naheliegende Vorgang ging in der heute gelebten Schulkultur teilweise unter. Dabei dürfte das Vorurteil, man verliere etwas, wenn man die eigenen Materialien nicht exklusiv nutze, eine große Rolle spielen. Geteiltes Wissen eröffnet potenziell den Zugang zu den Materialien anderer Lehrpersonen, mit denen unter Umständen ein fruchtbarer Austausch und eine Arbeitsteilung entstehen können.

Es gibt viele Angebote, welche die Publikation von Materialien mit anderen Dienstleistungen koppeln. Naheliegend ist der Aufbau einer so genannten Community mit den Schülerinnen und Schülern einer Klasse. Das ist auf Facebook mit einer sauber aufgesetzten Gruppe leicht möglich. Facebook bietet neu *Gruppen für Schulen* an, ein Programm, das eigens für Bildungsinstitutionen erstellt wurde. Da die schulische Nutzung von Facebook aber mit einigen unerwünschten Nebeneffekten gekoppelt ist (sie zwingt Schülerinnen und Schüler implizit dazu, sich ein Facebook-Profil zu erstellen und lagert Daten auf kommerziell genutzten Servern im Ausland), sind Dienste vorzuziehen, die lokal genutzt werden können und auf denen Lehrpersonen oder Schulen die komplette Kontrolle über die Daten haben. Communities ermöglichen, dass die Stärken digitaler Kommunikation auch für die Vor- und Nachbereitung auf den Unterricht genutzt werden können. Wenn Schülerinnen und Schüler einander in privaten Nachhilfestunden oder per Telefon Mathematikaufgaben erklären, dann könnte es sinnvoll sein, wenn solche Erklärungen auch für andere lesbar sind – unter Umständen auch für Lehrpersonen, die dann entweder moderieren können oder erkennen, welche Unklarheiten bestehen, um ihren Unterricht zu verbessern. Administrative Aufgaben könnten so auch ins Internet verlagert werden. Planung, Hausaufgaben und Materialien stünden jederzeit überall zur Verfügung und könnten leicht miteinander verbunden werden. Ein einfaches Beispiel: Der Eintrag »Hausaufgaben Geografie zum 3. Oktober 2013: Arbeitsblatt bis Aufgabe 5 lösen« wäre verlinkt mit dem entsprechenden Arbeitsblatt und böte in Kommentarfeldern die Möglichkeit, Fragen zu stellen oder hilfreiche Hinweise zu hinterlassen. Darüber hinaus können Tafelbilder ohne Aufwand ins Netz gestellt, Notizen gescannt und auch Ton- oder Videoaufnahmen eingestellt werden. So entstehen aus informellen sozialen Netzwerken, die Klassen oft selbstständig einrichten, professionelle. Unter pädagogischer Begleitung erhält das Geschehen im Unterricht eine zweite Ebene, die Arbeitsabläufe erleichtert. Hinzu kommt die Möglichkeit der Vertiefung und der Verbindung mit privatem Lernen: Interessierte Schülerinnen und Schüler könnten entsprechende Angebote nutzen, um ihre eigenen Interessen zu präsentieren und mit anderen Projekte zu entwickeln oder zu diskutieren.

Sobald begleitend zum Unterricht Social Media regelmäßig zur Kommunikation genutzt werden, eignen sie sich auch für pädagogische Aufgaben. Lehrpersonen werden von Schülerinnen und Schüler als ansprechbar erlebt; sie können Vertrauen aufbauen und Schwierigkeiten und Probleme ansprechen, ohne dass sie der Beobachtung der ganzen Klasse ausgesetzt sind.

Neben der Bildung einer Community ist als sinnvoller Zusatznutzen die Kollaboration zu nennen. Inhalte könnten mit anderen Lehrpersonen gemeinsam erarbeitet und genutzt werden. Gleichzeitig wäre es möglich, dass Schülerinnen und Schüler Inputs direkt in Dokumente eintragen.

Blogs haben sich aber auch für Lehrpersonen als sinnvolles Medium erwiesen, um die eigenen Erfahrungen im Umgang mit Schülerinnen und Schülern, Eltern und anderen Lehrenden zu dokumentieren und zu verarbeiten. Schon

während der Ausbildung gibt es Erlebnisse, die man kaum mit jemandem besprechen kann, obwohl sie Lehrpersonen stark belasten und verunsichern. Bloggen
»nimmt viel Druck weg, weil man sich in dieser Zeit permanent hinterfragt und
aufpassen muss, sich nicht selbst zu verlieren«, schreibt Frau Ella (2012), die sich
zur Lehrerin ausbilden lässt, auf ihrem Blog. Es ist in diesem potenziell anonymen Verfahren möglich, Feedback und Verständnis zu erhalten, ohne sich für
eigene Fehler bei Vorgesetzten, Behörden oder Eltern rechtfertigen zu müssen.

Es gibt eine Reihe weiterer, oft spezialisierter Plattformen auf Social Media,
die für Lehrpersonen reiz- und sinnvoll sein können, um ihre Arbeit zu dokumentieren oder zu begleiten. Zu erwähnen sind Foto-Plattformen wie Flickr
und Instagram oder Videodienste wie Youtube und Vimeo, die gerade auch
für Unterrichtsmaterialien einfach nutzbar sind. Die oben gemachten allge-
meinen Bemerkungen gelten auch für diese Plattformen: Wer Netzwerke auf-
baut, kann den Lohn für die investierte Arbeit in Form von Beziehungen und
Vertrauen ernten.

Gleichzeitig sind viele der Aktivitäten bei Social Media in verschiedenen
Dateiformaten speicher- und ablegbar. So können Vorbereitungen dokumentiert werden, Diskussionsverläufe gespeichert, Tafelbilder archiviert; letztlich
entsteht so ein interaktives Portfolio der gesamten Arbeit einer Lehrperson –
wenn die Netzwerke dafür entsprechend genutzt werden.

Wie Social Media das Lernen verändert

Bisher wurden Wissensmanagement, PLNs und der Einsatz von Social Media-
Diensten konkret als Werkzeuge für die Erleichterung der beruflichen Anforderungen von Lehrenden beschrieben. Darüber hinaus zeigen sie, was Lernen
in einem neuen medialen Kontext bedeutet. Lisa Rosa beschreibt die entscheidende Veränderung in einem Aufsatz zum Projektlernen »im Zeitalter von
Social Media« wie folgt:

> Lernen im digitalen Zeitalter kann also nicht heißen, dass wir mit den
> neuen Technologien das Alte mit neuen Methoden und Instrumenten
> lernen – nur eben schneller, leichter und vielleicht vergnüglicher –, was
> einem Optimierungsvorgang entspräche. Lernen 2.0 heißt stattdessen,
> dass sich vor allem die Art und Weise des Lernens in der Gesellschaft,
> aber auch der Gesellschaft verändert – ein kultureller Transformations-
> vorgang. Dabei spielen jetzt die aus dem Netz bekannten Merkmale wie
> Freiwilligkeit, Selbststeuerung, Offenheit, Personalisierung und Zusam-
> menarbeit eine prominente Rolle, während sie vordem nicht nur kaum

Bedeutung hatten, sondern von dem, was im instruktionistischen Lernen als notwendig gelten durfte, sogar ausdrücklich ausgeschlossen worden waren. Und statt – wie im Industriezeitalter – des systematischen Buchlernens, des standardisierten Lernens (im Unterrichtetwerden) in bestimmten kurzen Taktungen (Unterrichtsstunde) und an bestimmten Orten (Klassenraum), tritt jetzt zunehmend situiertes, informelles, nonformales, immersives Lernen und Lernen nach Bedarf in den Vordergrund. (Rosa, 2012b, S. 9 f.)

Diese Gegenüberstellung zeigt, dass die Internetkommunikation neue Lernprozesse formt, die gesellschaftliche Wirkung zeigen. Lernen verändert sich durch Social Media: Es wird individueller, freiwilliger und offener. Dabei löst es sich von einem institutionellen Rahmen, der Zeit und Raum strukturiert. Immer häufiger treten neben schulisch strukturierte Lernprozesse private, selbstgesteuerte, vernetzte.

Wer heute eine Sprache wie Chinesisch lernen will, ist nicht auf Schulunterricht angewiesen. Apps auf Smartphones und Tablets ermöglichen multimediales Lernen, das sich dem Sprachlernprozess jeweils anpasst. Verschiedene Annäherungen an die chinesische Sprache sind möglich: Wer sich zuerst mit dem Aufbau und der Schreibweise der Zeichen auseinandersetzen möchte, kann das mit digitalen Medien genauso wie jemand, der lieber ein mündliches Sprachfundament legt und anhand von einfachen Alltagskonversationen lernt. Über Social Media ist es dabei leicht, andere Lernende zu finden, sich mit ihnen auszutauschen, erste Übungen gemeinsam, schriftlich oder mündlich durchzuführen. Kompetente Lehrpersonen, die vielleicht sogar in China leben, können per Chat oder Videotelefonie selektiv hinzugezogen werden.

Ähnlich lernen Jugendliche heute Gitarre spielen. Sie brauchen keine Noten oder andere komplexe Notationen mehr zu erlernen, sondern schauen anderen Lernenden oder Profis beim Spiel zu – auf Youtube. Dort werden Stücke oder Songs in Lernschritte zerlegt, die immer wieder angeschaut werden können und dabei mit Erklärungen dazu versehen sind, was im Clip zu beachten ist. Die Fähigkeit der Lehrperson, anzugeben, mit welcher Technik eine Passage zu spielen ist, wird durch die Möglichkeiten des Netzwerks obsolet. Am Gitarrenspiel Interessierte können bei qualifizierten Musikerinnen und Musikern direkt lernen. Gleichzeitig wählen die Jugendlichen selber die Stücke aus, die sie spielen möchten; sie müssen sich nicht an das Repertoire einer Lehrperson oder Lehrplanvorgaben halten.

Man kann beliebig viele Beispiele hinzuziehen: Die Videos der Khan-Academy zum Beispiel dienen heute vielen Jugendlichen als Nachhilfeunterricht in mathematisch-naturwissenschaftlichen Fächern. Literarische Werke werden mithilfe von heruntergeladenen Verfilmungen und kollaborativ erstellten Interpretationen auf sozialen Netzwerken erarbeitet. »Unterricht ist dabei nicht selten de facto nur noch die Informationsveranstaltung darüber, was der Lehrer am Ende in Tests und Klausuren lesen möchte«, schreibt Lisa Rosa und fügt als Beispiel das *Freie Abiprojekt Methodos* an, bei dem Schülerinnen und Schüler selbstorganisiert und ohne Schulbesuch auf Abi-Prüfungen lernen. Diese Extremposition zeigt, dass sich neben dem schulischen, instruktiven Lernen ein informelles etabliert hat, das es ergänzen, begleiten oder ersetzen kann. Diese selbstorganisierten Lernformen wurden wesentlich durch Social Media möglich, weil sie nötige Kommunikationsabläufe vereinfachen.

Das technisch-methodische Potenzial ist nur eine Seite der Veränderung von Lernprozessen durch das Web 2.0. Die andere ist die erhöhte Geschwindigkeit, mit der sich Fakten, Wissen und Relevanzen verändern. Gerade weil es immer leichter wird, Wissen zu organisieren und Fakten abzubilden, nimmt ihre Haltbarkeit ab. Aus »allgemeingültigem Wissen für alle« wird in den Worten von Michael Giesecke »fallbezogenes Wissen«, also: »individualisierte, maßgeschneiderte Lösungen« (Giesecke, 2007).

Die Arbeiten von Rosa und Giesecke zeigen: Lernen im Zeitalter von Social Media ist Projektlernen. Damit ist keine neuartige Methode genannt, das Projekt als Lernform für selbstorganisierte Lernprozesse hat mittlerweile eine lange Geschichte. Neu ist, dass die Schule keinen Einfluss darauf hat, ob projektbezogen gelernt wird oder nicht: Social Media führen automatisch zu Projektlernen. Sich auf eine Prüfung vorbereiten, Gitarre spielen, eine Homepage designen ist für Jugendliche ein Prozess, in dem sie eigene Fragestellungen mit selbst gewählten Methoden in einem wechselnden sozialen Umfeld bearbeiten. Sie ziehen Expertinnen und Experten heran, die sie etwas lehren. Aber sie binden sie nicht in einen institutionellen Rahmen ein, sondern nutzen ihre Expertise selektiv und temporär. Auf der Webseite des Freien Abiprojekts Methodos (2012) heißt es dazu passend: »Wir mieten Unterrichtsräume und stellen unsere Lehrer ein (und entlassen sie gegebenenfalls auch)«.

Die entscheidende Herausforderung beim Projektlernen und beim Lernen im Web 2.0 liegt darin, dass trotz der Zurückweisung etablierter Methoden die Durchführung von Projekten und das Wissensmanagement im Web 2.0 gelernt werden muss. Dafür bildet die Schule einen Rahmen, der von der Einsicht ausgehen muss, dass »Projekt [nur] im Projekt und Web 2.0 nur im Web 2.0 gelernt werden kann« (Rosa, 2012b, S. 20). Gemeint ist dabei, dass in der Auseinandersetzung mit einem Lerngegenstand methodische Kompetenz implizit mitgelernt wird. Diese Projekt- oder Medienkompetenz bedarf zur Festigung auch einer expliziten Reflexion – ein Angebot, das die Schule machen muss und soll.

Social Media im Unterricht

Im Anschluss an die Beobachtung einer Veränderung des Lernens steht die Möglichkeit und Notwendigkeit, Social Media auf zwei Arten in den Unterricht einfließen zu lassen: einerseits als Teil einer grundlegenden Vermittlung von Medienkompetenz, die heute zum Orientierungswissen gehört und eine wichtige Vorbereitung aufs Berufsleben oder weitere Ausbildungen darstellt, andererseits als Hilfestellung für Lernprozesse.

Für beide Bereiche stehen im Anhang und im online abrufbaren Bereich dieses Buches Materialien und Unterrichtsideen bereit. Im Folgenden finden sich deshalb nur einige allgemeine Bemerkungen zu den Rahmenbedingungen, Zielen und Stolpersteinen im Umgang mit Social Media.

Social Media, oder allgemeiner: Medien, sind nie Selbstzweck, sondern erfüllen eine Funktion – das gilt auch für guten Unterricht. Lernenden die Mechanismen von Twitter, die Funktionsweise eines Grafiktaschenrechners oder die Vorteile eines Tablets nahezubringen, indem man sie einfach ausprobieren lässt oder inhaltslose Projekte durchführt, ist weder effektiv noch nachhaltig. Medienkompetenz wird am ehesten dann aufgebaut, wenn es Fragestellungen und didaktische Zielsetzungen gibt, die mit bestimmten Hilfsmitteln und Vorgehensweisen sinnvoll zu bearbeiten beziehungsweise zu erreichen sind. Didaktik kommt vor Technik. Werden Werkzeuge verwendet, um damit etwas herzustellen, dann ist die Motivation, sie zu verwenden, einerseits größer, andererseits lösen sich Schwierigkeiten oft wie von selbst, weil in Bezug auf inhaltliche Fragen ein gezieltes Ausprobieren möglich ist. Damit zeigt sich, dass der Aufbau von Medienkompetenz in Bezug auf Neue Medien und ihr Einsatz im Fachunterricht kaum zu trennen sind. Der kompetente Umgang mit Medien lässt sich nicht in ein bestimmtes Fach – das es an den wenigsten Schulen überhaupt gibt – auslagern, sondern wird gekoppelt an andere Lernprozesse erworben. Damit ist nicht gesagt, dass es nicht sinnvoll sein kann, grundlegendes Medienwissen in einem klar definierten Modul anzubieten. Dieses Medienwissen muss dann aber zu einer Unterrichtspraxis führen, die Verbindungen zu den im Modul erlernten Fähigkeiten herstellt. Darauf müssten auch Ausbildungsgänge für Lehramtsstudierende Rücksicht nehmen und Medienpädagogik in jedem Fachbereich stärker gewichten.

Es ist also entscheidend, zu fragen, welche Vorteile sich aus dem Einsatz von Social Media für die Lernenden, für die Lehrenden und für die Erreichung der pädagogischen Ziele ergeben. Behält man diese drei Faktoren im Auge, dann wird sofort deutlich, dass allein der Spaß, den Schülerinnen oder Schüler im Einsatz der modernen Technik haben, kein hinreichender Grund ist, sie einzusetzen. In den Vordergrund rücken sollten die Möglichkeiten der Lernenden, direkt miteinander zu interagieren, individuell und intuitiv zu arbeiten und ihre Lernerfahrung zu vertiefen. Zudem dürfte ein wichtiger Aspekt der sein, dass durch Social Media die Perspektive der Schülerinnen und Schüler den Lehrpersonen klarer wird und es schwieriger für die Lernenden wird, sich in Lernprozessen passiv zu verhalten.

In den Unterrichtsalltag fließen Social Media automatisch durch die informellen, projektbezogenen Lernprozesse ein, die Schülerinnen und Schüler selbst gestalten. Deshalb liegt es nahe, den Einsatz von Social Media an Projektlernen oder zumindest selbstgesteuerte, möglichst offene Lernphasen zu koppeln. Das passiert aufgrund der Mediennutzung von Jugendlichen oft ganz automatisch.

Didaktisch sinnvoll lassen sich soziale Netzwerke auch für dialogische Lernprozesse im Sinn von Ruf und Gallin (2005/2011) nutzen. Die beiden Didaktiker gehen von vier Prämissen aus:

1. Wirksame Instruktion entspringt und mündet im Zuhören.
2. Motivation entsteht und entwickelt sich mit der Erfahrung, etwas ausrichten zu können und Fortschritte zu machen.
3. Lernen bedeutet Umbau und Erweiterung, nicht Neubau.
4. Ohne Erfolg keine Anstrengung, ohne Anstrengung kein Erfolg (Ruf und Gallin, o. J.).

Konkret wird das Modell umgesetzt, indem Schülerinnen und Schüler offen Aufträge der Lehrpersonen bearbeiten, beispielsweise in Lernjournalen. Aus denen können die Lehrpersonen dann wiederum didaktisch wertvolle »Kernideen« entnehmen und neue Aufträge ableiten. Dieser dialogische Zirkel ist der Schlüssel zum Verständnis des dialogischen Lernens.

In Bezug auf Social Media bietet sich dieses Modell aus zwei Gründen an: Erstens wären soziale Netzwerke ein sinnvoller Gegenstand dialogischen Lernens, weil Lehrpersonen durch das Zuhören viel über die Praxis der Schülerinnen und Schüler in der Internetkommunikation erfahren können. Themen wie Privatsphäre, Konzentration und Ablenkung oder Umgang mit Bildern eigenen sich hervorragend für dialogische Lernprozesse, bei denen auch Lehrpersonen mitlernen.

Zweitens bieten gerade die Werkzeuge, die Social Media bereithalten, ein ideales technisches Umfeld für dialogisches Lernen. An die Stelle von Lernjournalen rücken beispielsweise Blogs, die dann nicht nur von der Lehrperson gelesen und kommentiert würden, sondern auch von den anderen Schülerinnen und Schülern der Klasse. Durch Verlinkung und Auf- sowie Übernahme von Themen ergibt sich ein Wissensnetzwerk, in dem eine große Anzahl Fragen auf vielfältige und motivierende Art und Weise behandelt werden kann.

Die Erweiterung des Unterrichtsgesprächs um einen *Backchannel* ist ein weniger naheliegendes Beispiel für den Einsatz von Social Media. Verwenden Lehrpersonen in großen Klassen Unterrichtsgespräche, so nimmt daran oft nur ein kleiner Teil der Schülerinnen und Schüler aktiv teil. Andere hören intensiv zu, manche gar nicht. Hier wird es schwierig für die Lehrperson, die einzelnen Schülerinnen und Schüler wahrzunehmen, sie zu beurteilen und ihre Lernerfahrungen zu verbessern. Ein Backchannel bedeutet, dass man Schülerinnen und Schülern die Möglichkeit gibt, per Tablet, Smartphone oder Laptop still Fragen zu stellen und zu kommentieren. In einem Blogpost dokumentiert die Gymnasiallehrern Corinna Lammert ihre Erfahrungen mit dem »Unterrichtsgespräch 2.0« und hält dort die Reaktionen der Schülerinnen und Schüler fest, die besonders den erhöhten Freiheitsgrad, ihre eigene Verantwortung für den Lernprozess sowie die Möglichkeit, das Lerntempo ihren Bedürfnissen anzupassen, als Vorteile herausstreichen (Lammert, 2012b). Ähnliche Erfahrungen machte auch Mary Chayko, die ein Unterrichtsgespräch mit dem Internetexperten Nathan Jurgenson via Twitter führte und moderierte. Hier war es den Studierenden möglich, simultan Fragen zu stellen und auf die Antworten oder Aussagen von Jurgenson zu reagieren; zudem war das ganze Gespräch später abrufbar und konnte weiter bearbeitet werden (Wampfler, 2012b).

Das Beispiel des virtuellen Unterrichtsgesprächs ist geeignet, die Vorteile herauszustreichen, die Social Media im Unterricht haben – unabhängig von ihrer Form. Wenn Schülerinnen und Schüler beispielsweise Themen in Wikis eigenständig erarbeiten, den Unterricht mit Blogs begleiten oder ihn auf Twitter für Eltern und andere Interessierte zusammenfassen, übernehmen sie mehr Verantwortung, erhalten dadurch mehr Freiheiten und agieren individueller. Die Perspektive jeder einzelnen Schülerin und jedes einzelnen Schülers erhält mehr Gewicht und wird dokumentiert.

Entscheidend ist die Koppelung von Medieneinsatz mit Medienreflexion. Kompetenz entsteht erst, wenn die Frage im Raum steht, ob die Verwendung von Medien sinnvoll ist, wie sie wahrgenommen wird und was Alternativen wären. Versuche mit neuen Formen von Unterrichtsgesprächen, alternativen Möglichkeiten zur Erstellung von Notizen im Unterricht oder der Pflege einer klassenübergreifenden, themenorientierten Community können als Resultat immer auch eine Verbesserung der traditionellen Praxis haben. Sie können also zeigen, dass traditionelle Unterrichtsgespräche profitieren, wenn sich mehr Lernende einbringen und Vielredende sich zurückhalten, wenn Notizen bewusster und systematischer angelegt werden oder Gespräche im Schulhaus auch zwischen den Klassen stattfinden – ohne dass man dafür Social Media im eigentlichen Sinne braucht. Man könnte auch sagen: Social Media und diesbezügliche Kompetenzen würden dann wohl einfach ohne den Einsatz digitaler Hilfsmittel gepflegt.

Diese Medienreflexion ist Teil der didaktischen Aufgabe von Lehrpersonen. In einer gelebten Netzwerkkultur beziehen sie dabei die Lernenden mit ein – grundsätzlich stellt sich aber bei der Vorbereitung jeder Schulstunde die Frage, ob Social Media geeignet sein könnten, anstehende Lerninhalte zu bearbeiten. Bis diese Erkenntnis in Lehramtsstudiengängen verbreitet und bei allen Schulleitungen angekommen ist, wird es wichtig sein, in kleinen Projekten konkrete Erfahrungen zu gewinnen und diese Erfahrungen in eigenen Lernnetzwerken von Lehrpersonen zu teilen; an den Methoden zu feilen und ihre Vorzüge und Nachteile zu reflektieren.

Risiken beim Einsatz von Social Media

In einem Vortrag sagte der Schriftsteller David Foster Wallace amerikanischen Studierenden:

> Es ist enorm schwierig, wach und aufmerksam zu bleiben, während in unserem Kopf ein ständiger Monolog uns zu hypnotisieren versucht (wie das jetzt vielleicht gerade passiert). Zwanzig Jahre nach meinem eigenen Abschluss habe ich langsam verstanden, dass das geisteswissenschaftliche Klischee, man müsse lernen, wie man denkt, für eine viel größere und ernsthaftere Vorstellung steht: Zu lernen, wie man denkt, bedeutet eigentlich zu lernen, wie man kontrollieren kann, wie und was man denkt. Es bedeutet, bewusst und aufmerksam genug zu sein, um wählen zu können, worauf man sich konzentrieren will und wie man aus Erfahrungen bedeutsame Erkenntnisse gewinnt. Wer als Erwachsener eine solche Wahl nicht treffen kann, wird völlig im Regen stehen. Man denke an das alte Klischee, dass der Geist ein ausgezeichneter Diener, aber ein schlechter Herr sei. (Wallace, zit. nach More Intelligent Life 2008)

Ohne über Social Media zu sprechen, weist er auf eine Schwierigkeit hin, der Menschen in der heutigen Medienwelt ausgesetzt sind: Permanente Nachrichten, Reize und Aufforderungen auf mehreren Kanälen verhindern, dass man sich auf eine Aufgabe konzentrieren kann. Nach einem Tag Arbeit am Computer bleibt oft das Gefühl zurück, man habe eigentlich nichts getan. Das ist die größte Gefahr, der Menschen ausgesetzt sind, die Wissen bearbeiten und vermitteln. Es gibt so viele interessante Seiten im Internet, so viele Quellen der Ablenkung, dass man sich fragen muss, wie sinnvoll es ist, sich in mehr Netzwerke zu integrieren. Vielleicht macht diese Erfahrung eine Beschränkung sinnvoll, legen solche Tage eine Reduktion nahe.

Neben der Hauptgefahr der Verzettelung, der Nervosität, dem Verlust der Orientierung, auf die alle Social Media-Kritikerinnen und -Kritiker hinweisen, verblassen andere Risiken. Zu nennen wäre etwa das Risiko, dass Äußerungen aus ihrem Kontext gerissen und missverstanden werden. Auch wenn auf den Schutz der eigenen Privatsphäre und der von Dritten geachtet wird, muss damit gerechnet werden, dass ein Kontextwechsel stattfindet, Medien öffentlich gemacht werden und man damit in einem schlechten Licht steht. Aber dieses Risiko darf nicht überschätzt werden: Dieser Gefahr sind auch analog operierende Lehrpersonen ausgesetzt, auch ihre Äußerungen können leicht digitalisiert und aus dem Kontext gerissen werden.

Eli Pariser hat mit dem Begriff der *Filter-Bubble* auf eine dritte Gefahr hingewiesen, die mit dem Zugang zu Wissen über Social Media entsteht:

> Der Grundcode des neuen Internets ist recht simpel. Die neue Generation der Internetfilter schaut sich an, was Sie zu mögen scheinen – wie Sie im Netz aktiv waren oder welche Dinge oder Menschen Ihnen gefallen – und zieht entsprechende Rückschlüsse. Prognosemaschinen entwerfen und verfeinern pausenlos eine Theorie zu Ihrer Persönlichkeit und sagen voraus, was Sie als Nächstes tun und wollen. Zusammen erschaffen diese Maschinen ein ganz eigenes Informationsuniversum für jeden von uns – das, was ich die Filter Bubble nenne – und verändern so auf fundamentale Weise, wie wir an Ideen und Informationen gelangen. (Pariser, 2012, S. 17)

Wir erhalten, kurz gesagt, nur die Informationen, mit denen wir schon rechnen. Das unerwartete Finden, das Entdecken von Neuigkeiten entfällt, weil uns unsere Tools so gut kennen. Die engsten Verbindungen gehen wir zudem mit Menschen ein, die unsere Sicht der Welt teilen und uns ebenfalls so nahe sind, dass sie uns diejenigen Informationen zusenden, die unserem Erwartungshorizont entsprechen. Zusammen mit der psychologischen Einsicht des *Confirmation Bias*, dass wir den Informationen mehr vertrauen, die bestätigen, was wir schon vermuten oder zu wissen glauben, besteht so die Gefahr, dass wir unser Weltbild in Social Media zementieren anstatt es einer Prüfung auszusetzen, es zu erweitern, zu verfeinern.

Selbstverständlich könnte es auch beim Lesen der gleichen Zeitungen oder Fachzeitschriften so etwas wie eine Filter Bubble geben. Doch gibt es, so Pari-

ser, drei wesentliche Unterschiede: In der Social Media-Bubble sitzen wir erstens allein – die Filter, mit denen die Netzwerke uns unseren Interessen gemäß
bedienen, sind individualisiert und berücksichtigen detailliert unsere Aktivitäten im Internet. Zweitens sind diese Mechanismen unsichtbar: Wer täglich nur
die NZZ liest, weiß, dass da die neuesten Gerüchte aus den Königshäusern und
die Argumente der politischen Linken vielleicht eher zurückhaltend präsentiert werden. Diese Bubble kann bewusst verlassen werden. Wenn die Google-
Suche und der Facebook-Stream aber nur Inhalte anzeigen, die unseren Interessen entsprechen, dann scheinen wir objektive, umfassende Informationen zu
erhalten – aber dieser Schein trügt, er verbirgt die Filter. Damit hängt der dritte
Unterschied zusammen: Die Filter sind nicht selbst gewählt, sondern werden
von profit-orientierten Unternehmen vorgegeben und zu deren eigener Gewinn-
maximierung verwendet (Pariser, 2012, S. 17 f.).

In einer Replik auf Pariser relativiert der deutsche Internetexperte Christoph Kappes die Gefahr einer Filter-Bubble mit einem anschaulichen Vergleich:

> Das Internet filtert nicht wie herkömmliche Medien Informationen für
> den Rezipienten weg, sondern eröffnet nur – potenziell unendlich viele –
> gefilterte Sichten. Gern wird zur Veranschaulichung die Cafeteria als Bei-
> spiel genannt, die durch die Vorauswahl an Mahlzeiten die Möglichkeiten
> verringert, während das Web sozusagen alle Zutaten mit Rezepten bereit-
> stellt. Eine bestimmte Information wird obendrein an vielen Stellen des
> Nachrichtenkonsums auftauchen, wenn sie gewisse Relevanzschwellen
> überschreitet. Wer sich sein Netzwerk nach durchschnittlichen Maßen
> zusammenstellt, also mit etwa einhundertfünfzig Kontakten, kann daher
> kaum eine ihn interessierende Information übersehen. […] Dass es nicht
> zu einer Gleichartigkeit von maschinellen Empfehlungen kommt, ergibt
> sich auch daraus, dass keine Situation wie die andere ist: Sie ist nach Zeit,
> Ort und Personen sowie deren Bedürfnissen, Kontexten, sozialen Bezie-
> hungen und Informationslandschaften immer neu. (Kappes, 2012b, S. 261)

Die Filter-Bubble-Problematik zeigt, dass Wissensmanagement auch ein Manage-
ment der Filter beinhalten muss. Social Media fordert also keinen Zusatzauf-
wand, denn auch die Lektüre der FAZ ist ein Filter, weil diese Zeitung freilich
nicht jeden Text abdruckt, sondern nur solche, die sich an ein bestimmtes Publikum richten, formalen Vorgaben genügen und von dafür berechtigten Personen verfasst worden sind.

Ein viertes Risiko besteht darin, dass sich der Aufwand nicht lohnt. Digitale
Tools erfordern viel Arbeit, bevor sie nutzbringend eingesetzt werden können.

Gerade in der Schule ist damit oft auch die technische Schulung von anderen Lehrpersonen und von Schülerinnen und Schülern verbunden. Wäre es, so die ketzerische Frage, nicht oft sinnvoller, einfach ein gutes Buch zu lesen und ganz traditionell zu arbeiten? Die Antwort auf diese Frage muss eine individuelle bleiben. Sie hängt zudem mit Entwicklungen zusammen, die kaum vorauszusehen sind: Vielleicht gibt es die traditionellen Arbeitsformen in zehn Jahren nicht mehr, vielleicht belächelt man dann aber auch die Phase, in der man sich von Social Media viel versprochen hat.

Zum Schluss ein ideologisches Risiko: Vieles an Arbeit, die User in Social Media stecken, wird von Dritten kommerziell genutzt. Idealismus wird zu Geld gemacht, indem Nutzerprofile an Werbetreibende verkauft und von Usern erstellte Inhalte weiterverwertet werden, die Nutzungsmöglichkeiten der Werkzeuge durch Werbung erschwert oder Teile der ehemals frei zugänglichen Angebote kostenpflichtig werden. Diese Realität steht in einem Kontrast zur pädagogischen Aufgabe, die letztlich der Gesellschaft verpflichtet ist und nicht Aktionärinnen und Aktionären eines amerikanischen Medienunternehmens. Kann man es also verantworten, Schülerinnen und Schüler zu ermuntern, in einem Umfeld zu agieren, in dem ihr Lernen zu einem wirtschaftlich verwerteten Produkt wird?

Hinzu kommt das Problem, dass die technischen Möglichkeiten dazu führen, dass Wissen und Kreativität stark an Bedeutung verlieren. Wenn alles geteilt und konsumiert werden kann, wird letztlich die Arbeit in diesen Bereichen – auch die pädagogische Arbeit – viel weniger Wert haben. Der Youtube-Gitarrenkurs ersetzt den Musiklehrer, der Kahn-Academy-Mathematikkurs die Mathematiklehrerin.

Intermezzo IV:
Wirtschaftliche Interessen und *Social Media*

Social Media verändert die wirtschaftlichen Bedingungen von Bildung

Das Bildungssystem ist eingebettet in wirtschaftliche Zusammenhänge. Es kostet viel Geld. Es stattet Arbeitskräfte mit Kompetenzen aus. Es beschäftigt qualifizierte Lehrpersonen. Es setzt materielle Ressourcen wie Lehrmittel, Geräte, Software und Projektionsgeräte ein.

Der mit Social Media bezeichnete Wandel lässt diese wirtschaftlichen Zusammenhänge dynamisch werden. Die dadurch entstehende Veränderung kann das Bildungssystem stärken und unabhängiger machen, es aber auch schwächen und abhängiger machen. Im Folgenden werden vier Schlaglichter auf bereits erkennbare Veränderungen durch die Möglichkeiten digitaler Kommunikation geworfen:

1. Viele Verlage haben sich darauf spezialisiert, Lehrmittel herzustellen, die von Schulen eingesetzt werden. Aus Standardisierungsgründen wurden diese Lehrmittel sogar politisch vorgeschrieben, ein staatlich finanzierter Absatz war für die Verlage garantiert. Social Media und die damit entstehenden Netzwerke ermöglichen es, individuell auf Lehrende und Lernende abgestimmte Unterrichtsunterlagen zu erstellen, die zudem als Kopien meist gratis bezogen werden können. Die Kosten für Logistik, Korrektorate und Lektorate entfallen: Gemeinschaften von Lehrenden und Lernenden übernehmen diese Aufgaben freiwillig und kostenlos. Eine ganze Bewegung setzt sich mittlerweile dafür ein, dass so genannte Open Educational Resources oder OERs stärkere Beachtung finden. Die ursprünglich aus einem UNESCO-Programm für Entwicklungsländer entstandene Bewegung fordert Lehrpersonen und Expertinnen und Experten auf, Lehrmittel so zu gestalten, dass sie frei zugänglich und einfach weiterzuverarbeiten sind (Bretschneider, Muuß-Meerholz und Schaumburg, 2012). Durch Social Media finden OERs die für Lehrmittel nötige Verbreitung und werden zugänglich.

2. Social Media bietet die Möglichkeit, dezentrale Netzwerke zu erschaffen, die allein die Infrastruktur der einzelnen Nutzer benötigt. Diese Idee steht hinter vielen Filesharing-Applikationen, z. B. dem Torrent-Protokoll, das heute sehr populär ist und ohne zentrale Datenbanken etc. auskommt. Diese Möglichkeit wird aber heute kaum wahrgenommen: Fast alles an Kommunikation läuft über geschlossene Systeme großer Unternehmen wie Facebook und Google. Diese Unternehmen agieren aus wirtschaftlichen Interessen. Ihre Angebote im Bildungsbereich sind für die Unternehmen immer mit der Möglichkeit verbunden, Geld zu verdienen – oft auf undurchsichtige Art und Weise.

3. Die sozialen Netzwerke sind für die Betreibenden profitabel, weil die von Usern erstellten Inhalte weitere User anziehen, die Werbung konsumieren oder ihre Daten gegen eine Dienstleistung eintauschen. Die Gratisarbeit der Teilnehmenden ist ein Geschäftsmodell. Nimmt diese Tendenz zu, dann werden viele Leistungen, die im Schulsystem von bezahlten Fachleuten angeboten werden, von unbezahlten Usern erbracht. Auch wenn ihre Qualität nicht immer gleich hoch sein mag: Die Arbeit von Lehrpersonen ist wie die von Musik- und Literaturschaffenden davon bedroht, wertlos zu werden: Nicht nur, weil sie teilweise kostenlos erbracht wird, sondern auch deshalb, weil sie sich aufzeichnen und digital kopieren lässt. So genannte *MOOC*s, Massive Open Online Courses, können von fast beliebig vielen Teilnehmenden besucht werden. Standardisierte Lerninhalte können von wenigen Lehrenden einer großen Zahl von Lernenden gleichzeitig vermittelt werden.

4. Social Media ermöglichen eine globale Verteilung der Arbeit. Insbesondere im englischsprachigen Raum werden viele Dienstleistungen von Indien aus erbracht. Standardisierte Programme wie die International Baccalaureate-Ausbildung streuen bereits heute Korrekturarbeiten weltweit und bezahlen sie mit niedrigeren Löhnen als sie im deutschsprachigen Raum üblich sind. Die Möglichkeiten der Datenauswertung lassen darüber hinaus eine Zukunft erahnen, in der Korrekturen vollautomatisch oder unter geringer menschlicher Mitwirkung ausgeführt werden.

Während der Einsatz digitaler Arbeitsgeräte heute für viele Schulen mit Mehrausgaben verbunden ist, wird die Digitalisierung der Kommunikation mittelfristig zu Einsparungen führen. Insbesondere menschliche Arbeit dürfte entwertet werden. Das betrifft den Beruf der Lehrperson auf verschiedenen Ebenen: In der Vorbereitung, beim Unterrichten und bei der Bearbeitung von Arbeiten der Lernenden.

Diese wirtschaftlichen Veränderungen ermöglichen es aber den Schülerinnen und Schülern, individuell zugeschnittene Bildungsangebote zu beanspruchen. Auch Lehrerinnen und Lehrer können viele Dienstleistungen nutzen, die ihre Arbeit verbessern oder erleichtern.

Social Media sind durch wirtschaftliche Interessen bestimmt

In diesem Buch wird mehrmals angesprochen, dass die gebräuchlichsten sozialen Netzwerke nicht für gesellschaftliche, kommunikative oder gar schulische Zwecke entwickelt worden sind, sondern von großen Unternehmen zur Erwirtschaftung von Gewinn unterhalten werden.

Das Geschäftsmodell von Social Media ist dabei recht einfach (Lovink, 2011). Mediale Inhalte werden von den Usern gratis erstellt und verbreitet. Diese Inhalte bringen weitere User dazu, die Netzwerke zu nutzen. Durch die Nutzung wird es möglich, Daten zu sammeln und Werbung einzublenden.

Die Bedeutung der kommerziellen Orientierung von Social Media umreißt der Medienforscher Benjamin Jörissen (2012, S. 61):

> Dass somit die Struktur der sozialen und kulturellen Räume primär nach Maßgabe wirtschaftlicher Gewinninteressen geformt wird, die allenfalls sekundär – nämlich über ökonomischen Erfolg vermittelt und durch dieses Kriterium gefiltert – an (bestehenden oder potenziellen) sozialen und kulturellen Bedarfen ausgerichtet sind, ist ein neues Phänomen, dessen Konsequenzen erst in Ansätzen erkennbar werden; etwa in den Bereichen der Privatheit, der Aggregation und Kombination persönlicher Daten im Hintergrund sowie der Be- bzw. Missachtung von im Web etablierten Freiheitswerten (z. B. durch Einführung eines Klarnamenzwanges bei manchen Angeboten oder durch ökonomisch motivierte Zensur), sowie der wirtschaftlichen Ausbeutung von Kreativität.

Jörissen fordert, dass die Folgen der wirtschaftlichen Orientierung sozialer Netzwerke auf verschiedenen gesellschaftlichen Ebenen kritisch beobachtet werden. Das gilt insbesondere für die Schule und die Erziehung: Wirtschaftliche Zusammenhänge müssen in die medienpädagogische Reflexion des Verhaltens in sozialen Netzwerken eingebunden werden. Bildung darf nicht halb-automatisch abhängig werden von kommerziellen Angeboten – dieser Grundsatz gilt offline wie online.

5. *Social Media* als Herausforderung für die Schulentwicklung

Abb. 6: Schule in der Informationsgesellschaft, CC-BY-NC, PHZ Schwyz.

Das Poster *Schule in der Informationsgesellschaft* soll als Anregung dienen, über die Rolle digitaler Medien in der Schule nachzudenken. Gezeigt wird ein modernes, offenes Schulhaus und sein Umfeld: die Lebenswelt der Schülerinnen, Schüler und Lehrpersonen, der (bildungs-)politische Kontext und auch die globalisierte Welt der Technologie. Wir sehen eine gestufte Schule, vom Kindergarten bis zur Sekundarstufe II, die in Schulräumen mit Wandtafeln und Bänken stattfindet, in einem separaten Gebäude gibt es Computerräume. Der Server ist neben der Mediothek zu finden, wo analoge Medien mit herkömmlichen Verfahren gelagert werden. Auf dem Pausenplatz spielen die Kinder Ball.

Vergrößert man das Poster oder geht näher hin, sieht man die digitalen Instrumente: Auf dem Pausenplatz wird gefilmt, im Kindergarten nutzen Kinder digitale Lernspiele, in den Schulzimmern Tablets, Laptops und E-Learning-Tools. Auch im Lehrerzimmer, im Musikunterricht und im Büro der Schulleiterin sind Gadgets im Einsatz; wie auch im vorbeifahrenden Auto und im Elternhaus.

Die Auswirkungen der Informationsgesellschaft sind nicht sichtbar, könnte eine erste Interpretation des Plakats lauten. Ob jetzt Geräte eingesetzt werden oder nicht – noch immer sind da Lehrpersonen, Schulzimmer, Lernende und eine Schule, noch immer erfüllt die Schule eine politisch vorgegebene Aufgabe, noch immer geht es darum, junge Menschen fürs Berufsleben auszubilden; das Gewerbe befindet sich so auch gleich neben der Schule.

Aber Indien und die USA sind doch sehr nah, merkt man beim Reinzoomen ins Plakat. Und dieses Reinzoomen findet für viele an einem Computer statt: Das Plakat ist eine hoch aufgelöste Bilddatei, die Schule nur noch ein Modell in meinem Computer. Sie erscheint als gezeichnete, vorgestellte, sie wurde nur dank eines Links im Internet gefunden. Und plötzlich verschwindet die Gewissheit, dass alles so bleibt, wie es ist. Alles könnte auch ganz anders werden, ohne Räume, ohne Hierarchien (die Schulleiterin hat in der Schule das Büro ganz oben), vielleicht ohne Schule als Institution.

Professor Dominik Petko, der das Plakat herausgegeben hat, formuliert folgende Aufträge an Lehrpersonen, die sich mit dem Darstellung befassen:

1. Schauen Sie sich das Poster an und stellen Sie sich vor, dass Ihre Schule in fünf Jahren so aussehen würde. Ist das eine wünschenswerte Vorstellung oder sehen Sie das eher kritisch?
2. [Schreiben Sie positive und negative Effekte auf], die sie von so einer Entwicklung erwarten würden.
3. Überlegen Sie sich Massnahmen, die nötig wären, um die Entwicklung von der heutigen Situation in Richtung der positiven Aspekte voranzutreiben. Denken Sie über Massnahmen nach, um die möglichen negativen Aspekte zu vermeiden. […]
4. Versuchen Sie, die Massnahmen gemeinsam zu priorisieren. Was sind wichtige und was weniger wichtige Massnahmen? […] Diskutieren Sie dann in der ganzen Gruppe, ob sich damit eine mögliche Strategie für Ihre Schule ergibt. (Petko, 2012)

Einer solchen Aufgabenstellung folgt dieses Kapitel im Hinblick auf Social Media. Es entwirft Entwicklungsmöglichkeiten und weist auf konkrete Maßnahmen hin, die dabei helfen, eine sinnvolle Strategie zu finden, um mit dem Wandel der Kommunikation im persönlichen und beruflichen Alltag an der

Schule umzugehen. Auf dem Spiel steht dabei die Bedeutung der Schule als Institution: Social Media ermöglichen Kindern und Jugendlichen jetzt schon, einen Großteil der an einer Schule gelehrten Kompetenzen eigenständig zu erwerben. Welche Aufgabe kann die Schule im Umgang mit diesen medialen Möglichkeiten haben?

Schule und Bildung in der digitalen Revolution

In einer Kolumne auf der ZDF-Plattform Hyperland formulierte Julius Endert eine Beobachtung, die für eine Reflexion über die Möglichkeiten der Schule als Organisation im Zeitalter von Social Media entscheidend ist: Kommunikation wird komplexer, ohne dass sich die Kommunikationsteilnehmerinnen und -teilnehmer dieser Entwicklung entziehen könnten:

> Das Internet vereinfacht die Kommunikation nicht, im Gegenteil: Sie wird beliebig kompliziert, funktioniert wahlweise in *real time* oder asynchron. Wer sich sicher sein will, dass seine Botschaft auch wirklich ankommt, sollte immer mindestens zwei Kanäle nutzen. Ein Prinzip, welches schon seit der Erfindung der E-Mail gilt. Typisch ist seitdem der Anruf: »Du, ich habe dir ein Mail geschickt.« Kaum einer, der alle verfügbaren Kanäle kennt oder gar zu nutzen weiß. E-Mail, Skype, Messenger, Facebook-Chat, Google-Hangout, Twitter, WhatsApp. Und das ist nur der Anfang. [...] Sozialwissenschaftler wissen: Die technische Entwicklung läuft den Fähigkeiten der Menschen, damit umzugehen, immer voraus. Künftige Generationen werden den Werkzeugkasten der digitalisierten Kommunikation preisen und sogar noch mehr fordern und mehr Möglichkeiten werden kommen. Denn: Sie befreien uns aus der technisch bedingten Limitierung auf wenige Kanäle. Sie schenken uns eine Palette der vielfältigsten Gesprächsmöglichkeiten. Der Mensch wird endlich wieder Souverän seines Mitteilungsverhaltens und die Art der Kommunikation entscheidet mit über den Grad der Intimität, die wir eingehen möchten – und wir können darüber frei entscheiden. (Endert, 2012)

Dieser Zusammenhang kann an Social Media verdeutlicht werden: Einzelne Plattformen und ihre Funktionsweise können nur in den Blick genommen werden, wenn vieles andere ausgeblendet wird. Wer aber dazu bereit ist, kann die Bedingungen seiner Kommunikationskanäle steuern: festlegen, wie intim, oder wie öffentlich ein Gespräch sein soll. Den Teilnehmerinnen und Teilnehmern können Erwartungen an ihr Kommunikationsverhalten klar gemacht werden –

oder auch nicht. Social Media ermöglichen offene Kommunikation, aber auch sehr enge, klar definierte.

Die zunehmende Komplexität und Leistungsfähigkeit der Kommunikation stellt die Schule als Organisation vor eine Reihe von Fragen: Wie kann sie Möglichkeiten der neuen Kommunikationsformen für ihre Schülerinnen und Schüler, ihre Lehrpersonen und ihre Öffentlichkeitsarbeit nutzen? Wie kann sie die Komplexität so reduzieren, dass nachhaltige Lernprozesse stattfinden können? Wie wandeln sich dadurch die Bedingungen des Unterrichts? Wie kann ein Umgang mit diesen Möglichkeiten gelehrt werden? Kann sie den Wandel mitgestalten oder muss sie ihn nachvollziehen?

Es liegt nahe anzunehmen, die Organisation von Lehren und Lernen stehe hier vor Herausforderungen, die gar nicht abgelehnt werden können. Insbesondere die Möglichkeit, den Zugang zu Wissen und zu Gesprächen individuell zu steuern, muss zu einem neuen Verständnis von Bildung führen. In einem Exposé zu einem Buch über die neuen Möglichkeiten von Bildung hält Martin Lindner drei Konstruktionsfehler des alten Bildungssystems fest:

1. Es geht nicht von den einzelnen Lernenden aus. […]
2. Das alte Bildungssystem begreift Wissen als knappes Gut, an dem nicht jeder teilhaben kann. […]
3. Das Bildungssystem begreift sich immer noch als ein soziales Ausleseystem, das aus einem großen Angebot nur die Besten herausfiltert: Die Bildungslaufbahn gleicht der »Reise nach Jerusalem«. (Lindner, 2012)

Es wird deutlich: Der durch die Digitalisierung und das Web 2.0 ausgelöste Wandel kann die ersten beiden Konstruktionsfehler mühelos beheben. Lässt sich das Bildungssystem und damit auch die Schule auf den Wandel ein, so könnte auch der dritte Konstruktionsfehler obsolet werden. Durch den Wegfall einer Selektionsaufgabe würden beträchtliche Ressourcen frei, die einer »Bildung für alle« – so der Titel von Lindners Buch – zur Verfügung stünden.

Lässt sich die Schule auf die veränderten Kommunikationsbedingungen ihrer Umwelt ein, dann muss sie folgende Aufgaben bewältigen:
1. Schülerinnen, Schülern und Lehrpersonen die technischen Möglichkeiten für neue Formen des Kommunizierens anbieten.
2. Ihnen die dafür nötigen Kompetenzen vermitteln.
3. Unterricht entsprechend neu organisieren.
4. Ihre Rolle als Institution reflektieren und formulieren.
5. Ihre Außenwahrnehmung und ihr Selbstverständnis im Dialog mit einer interessierten Öffentlichkeit entwickeln.

Die Bedeutung dieser Aufgaben hat auch eine wirtschaftliche und politische Dimension: Wenn Jugendliche allein mit der Fähigkeit, einen Computer zu bedienen, praktisch kostenlos Zugang zu hochwertigem und individuell anpassbarem Unterrichtsmaterial haben, dann stellt sich schnell die Frage, warum teure Schulen und teure Lehrpersonen weiterhin nötig sind.

Zudem besteht die Gefahr, dass die traditionelle Schule Jugendlichen weder Orientierung in einem immer stärker medial geprägten Umfeld bietet noch die für eine Berufswelt nötigen Kompetenzen vermitteln kann, die Martin Lindner wie folgt beschreibt:

> Wer heute nach der Schule mit einer Ausbildung oder einem Studium beginnt, weiß nicht, ob der Beruf, in dem er oder sie in 20 Jahren arbeiten wird, überhaupt schon existiert. Und wie oft sich dieser Beruf im Leben ändern wird. Denn feste, im Idealfall lebenslang ausgeübte Berufe wird es für die Allermeisten schlicht nicht mehr geben. (Lindner, 2012)

Im Bildungsbereich habe man bisher auf technologische Innovationen im Sinne des Schweinezyklus' reagiert, konstatieren Konrad Fischer und Max Haerder in einem längeren Artikel über die Herausforderungen der Digitalisierung der Bildungslandschaft: Man habe eine Innovation so lange ignoriert, bis man sie nicht mehr ignorieren konnte – sie damit aber auch verpasst.

Diese Gefahr besteht gerade auch für Social Media. Das Problem liegt auch in einem Paradox der Didaktik: »Anstatt die Schüler auf ihre eigene Zukunft vorzubereiten, bekommen sie die Vergangenheit ihrer Lehrer vermittelt« (Fischer und Haerder, 2012).

Unterricht über Neue Medien fokussiere zu stark auf die Gefahren von neuen Medien und nehme Chancen zu wenig in den Blick. Es bestehe die realistische Möglichkeit, dass Tablet-Computer und digitale Schulbücher einen umfassenden Medienwandel in der Schule auslösen können, der stärkere Individualisierungsmöglichkeiten, sowie große Kosteneinsparungen bringen und auch innovativen Kleinprojekten eine Chance auf Unterrichtseinsatz bieten könnte.

Inhalte im Internet können auf mobilen Geräten überall und jederzeit angesehen werden. Dieser Fluss von Informationen bedeutet, dass die Schule nicht mehr die primäre Aufgabe hat, diese Informationen zur Verfügung zu stellen, z. B. als Wissen von Lehrpersonen oder in Form von Unterrichtsmaterialien. Digitales Lernen basiert – wie auch traditionelle Lernformen – auf fünf Standbeinen:
1. Lerninhalte,
2. Lernmethoden,
3. Lerngemeinschaft,

4. Institutionalisierung und Anerkennung von Lernerfolgen,
5. Technologien und Medien des Lernens.

Die Digitale Revolution geht vom fünften Punkt aus. Werden die Medien digital, so ist es viel einfacher als bisher, Kopien anzufertigen. Lerninhalte kosten plötzlich nichts mehr. Zudem werden sie auf Geräten bearbeitet, die praktisch beliebig viel Speicherplatz zur Verfügung stellen und interaktiv bedient werden.

Grundsätzlich ist von dieser Feststellung ausgehend zu fragen, wie sich die anderen vier Standbeine des Lernens dadurch verändern. Mit welchen pädagogischen Mitteln sollen und können die Vorteile des digitalen Lernens genutzt werden? Wie organisieren sich Gemeinschaften unter diesen neuen Voraussetzungen? Welche konkreten Technologien sind für Lernprozesse sinnvoll? Wie können digitale Lernerfolge gemessen, institutionalisiert und anerkannt werden, ohne in die analoge Sphäre rückübersetzt werden zu müssen?

Betrachten wir ein konkretes Beispiel. Bei der Lektüre von Texten, auch von fremdsprachigen, ist auf digitalen Lesegeräten oft eine Funktion installiert, die Worterklärungen einblendet. Es wäre also einfach möglich, Lernende Texte lesen zu lassen und sie aufzufordern, nicht bekannte Wörter nachzuschlagen. Basierend auf ihrem Nachschlageverhalten können sie dann mit geeigneten Programmen ihren aktiven und passiven Wortschatz erweitern. Dieser individualisierte Prozess ist sicherlich eine Chance, für die aber auch Rahmenbedingungen in der Schule geschaffen werden müssen. Diese betreffen gerade den sozialen Aspekt des Lernens, der durch die individuelle Bedienung eines digitalen Geräts nicht abgedeckt werden kann. Zudem müssen Lernerfolge und Fertigkeiten anders messbar gemacht werden: Wenn es für Schülerinnen und Schüler selbstverständlich ist, nicht bekannte Wörter nachschlagen zu können, dann ist eine Textbearbeitung ohne diese Möglichkeit nicht nur eine Überforderung, sondern auch eine sinnlose, weil realitätsfremde Aufgabe.

Technologie verfügbar zu haben ist nur dann hilfreich, wenn es auch effiziente Methoden gibt, sie für pädagogische Zwecke einzusetzen. Zudem müssen digitale Geräte so zugänglich gemacht werden, dass sich privates und schulisches Lernen vermischt. Tina Barseghian (2012) schlägt eine Learning-By-Doing-Mentalität vor, die durch Hilfsmittel wie Smartphones und iPads gefördert werden kann. Gleichzeitig dürfe aber auch der soziale Rahmen des Lernens nicht einfach ausgeblendet werden oder durch einen technischen ersetzt werden:

Die mobile Revolution in Schulen ist unausweichlich. Aber während die Zauberkräfte der Technik gelobt werden, ist es entscheidend, die Diskussion zu führen, wie sich die Geräte so einsetzen lassen, dass die Benutzung nicht mechanisch und standardisiert wird. Lernen und Lehren muss menschlich und persönlich bleiben. Kinder lernen voneinander, das ist es, was lernen persönlich und bedeutsam macht und es für Lehrpersonen einfacher macht, die Kinder zu erreichen. (Barseghian, 2012)

Für die Schule und den Unterricht ist entscheidend, wie Geräte und Apps Lernerfahrungen verbessern, vertiefen und relevanter machen. Es ist genauso ein Trugschluss zu meinen, relevante Kompetenzen bestünden nur in der Benutzung von Geräten, wie es ein Trugschluss ist, zu denken, gehaltvoller Unterricht müsse ohne digitale Hilfsmittel auskommen. Technologie und Medien sind einer von vielen Faktoren, welche die Komplexität des Lernens ausmachen.

Die versprochenen Vorteile digitaler Arbeitsmethoden, stärkere Zusammenarbeit und höhere Effizienz, können bisher nicht nachgewiesen werden. Dies liegt oft aber an den Tücken des Alltags: Die notwendigen Geräte sind in Schulen ungenügend gewartet und können nur umständlich reserviert werden. Fischer und Haerder (2012) schlagen deshalb wie viele andere Expertinnen und Experten ein Modell vor, bei dem die Schülerinnen und Schüler die Geräte auch privat nutzen können. Nur so erfüllen sie dieselbe Funktion wie traditionelle Lernmaterialien und werden selbstverständlicher Teil des medialen Alltags, ohne für rein technische Schwierigkeiten schulische und didaktische Ressourcen zu beanspruchen.

Dabei werden aber personalisierte, individualisierte und informelle Lernprozesse immer stärker an Bedeutung gewinnen. Ob mit schulischen oder privaten Geräten: Hier entsteht eine Spannung. Die Mediendidaktikerin Mandy Rohs (2013) bringt das Problem auf den Punkt:

Schaut man sich inhärente Prinzipien von Social Software an, so lassen sich Widersprüche zu schulischer Bildung aufzeigen: Im Social Web liegt der Fokus auf Selbstbestimmung, Autonomie und das freie Verfolgen subjektiver Interessen; zentral sind Personalisierung, Individualisierung, das Arbeiten in Netzwerken und Partizipation (auch wenn diese nicht immer eingelöst wird). Obwohl die als Prinzipien von Social Software benannten Aspekte zwar in Teilen schulische Bildungsziele sind, zeigen sie sich jedoch oftmals nicht in schulischer Realität: Dort dominieren trotz angestrebter Kompetenzorientierung feste Curricula, Abschlussprüfungen und Lernstandserhebungen.

Für Rohs zeigt sich das Problem, dass eine mediendidaktische Bewältigung des digitalen Wandels zwar erforderlich ist, aber auch durch eine reflexive Auseinandersetzung auf mehreren Ebenen begleitet werden muss; nämlich auch auf der »ganzheitlichen Ebene des Systems Schule [...]: Denn Schule ist mehr als Unterricht. So müssen digitale Medien und vor allem das Social Web auch Bestandteil von Schulentwicklung werden.«

Wie das gelingen könnte, zeigen die im nächsten Abschnitt formulierten Prinzipien, die Gestaltungsmöglichkeiten für Öffentlichkeitsarbeit und Schulentwicklung im Zeitalter von Internetkommunikation aufzeigen.

Den Wandel mitgestalten:
Zehn Prinzipien für Schulentwicklung und Öffentlichkeitsarbeit

Schulen entwickeln sich, wenn sie ihre Entwicklungsziele nach innen und außen vermitteln können. Es gibt deshalb ohne Kommunikation keine Schulentwicklung: Schulprofile, Projekte, Maßnahmen und Reglements werden immer im Austausch mit Lehrpersonen konzipiert und sind nur dann wirksam, wenn sie an der Schule, in der Politik und in der Öffentlichkeit überzeugend dargestellt werden können. Die Öffentlichkeitsarbeit einer Schule ist mit ihrer Entwicklung verzahnt.

Schulentwicklung hat aber oft auch mit der Entwicklung der Kommunikation zu tun: Lernen, lehren und die Organisation dieser Tätigkeiten sind weitgehend kommunikative Akte.

Es ist deshalb naheliegend, Schulentwicklung und Öffentlichkeitsarbeit als Kommunikation über Kommunikation zu verstehen. Mit den Veränderungen der Möglichkeiten und Bedingungen dieser Kommunikation durch ihre Digitalisierung sind wichtige strategische Führungsaufgaben einer Schule ebenfalls einem starken Wandel unterworfen. Diese Einsicht führt dazu, dass Schulentwicklung, Öffentlichkeitsarbeit und Kommunikation als Führungsaufgaben verschmelzen. Sie können heute nicht modular abgedeckt werden und unabhängig voneinander funktionieren.

Im Folgenden geht es darum, wie Schulentwicklung und Öffentlichkeitsarbeit durch Social Media eine Verbesserung erfahren könnten. Wie in diesem Buch schon mehrfach erwähnt, ist kommunikativer Wandel nicht ein Angebot, sondern erfolgt unabhängig davon, ob die von ihm Betroffenen ihn wahrnehmen oder akzeptieren. Jöran Muuß-Meerholz spricht vom »Ende des freiwilligen Internets«:

Ob Schüler oder Lehrer, Eltern oder Schulleitung, für sie alle ist »das Ende des freiwilligen Internets« erreicht. Schulleben mit allem, was dazugehört, findet auch im Netz statt. Ob Fotos aus der Schule auf Facebook, Diskussionen über die Schule auf Blogs und Twitter, Kommentare zu den Schulen auf Bewertungsportalen – all das passiert, ob man es mag oder nicht. Die Betroffenen haben nicht mehr die Wahl, ob sie Teil davon sind, sondern nur noch, ob sie sich selber dort aktiv beteiligen oder ob die digitale Konversation quasi hinter ihrem Rücken stattfindet. Die für die einzelnen Akteure bedeutsamste Mauer, die digitale Abstinenz, hat viele Risse und Löcher bekommen. (Muuß-Meerholz, 2012, 36)

Das Einreißen der Schulmauern, so könnte man Muuß-Meerholz' Formulierung weiterspinnen, führt zu einer stärkeren Durchmischung des Geschehens in einer Schule mit jenem außerhalb: Die Wirklichkeit kann nicht länger nur gefiltert im Unterricht auftauchen, sondern ist dank mobiler Kommunikation ständig verfügbar. Schülerinnen, Schüler und Lehrpersonen sind nicht nur durch Anrufe jederzeit erreichbar, auch Fakten und Medien von draußen finden den Weg ins Schulzimmer. Gleichzeitig gelangt das Unterrichtsgeschehen in digitalisierter Form in die Öffentlichkeit: Seien das nun intime Videos, mit denen Mitschülerinnen, Mitschüler oder Lehrpersonen gemobbt werden, oder Blogs, Podcasts und Wikis, mit denen das an einer Schule gesammelte Wissen anderen Lernenden zur Verfügung gestellt werden.

Ausgehend von diesen Überlegungen werden einige Vorschläge gemacht, wie Schulen produktiv mit dem Kontrollverlust umgehen können, den das Web 2.0 mit sich bringt. Dieser Kontrollverlust ist ausgezeichnet durch eine Beschleunigung der Kommunikation und einer Erhöhung ihrer Komplexität: Es lässt sich nicht mehr festlegen, wer wann wo was kommuniziert. Zudem werden verschiedene Ebenen vermischt: Öffentliche und private Kommunikation, formelle und informelle sind auf Social Media nebeneinander, fast untrennbar voneinander (Muuß-Meerholz, 2012a, S. 7 f.). Die damit verbundene Unsicherheit kann man leicht an den Klagen von Lehrpersonen über den Stil und die Formulierungen in Mails von Schülerinnen und Schülern ablesen: Obwohl diese wie ihre Lehrpersonen ständig schriftlich und digital kommunizieren, herrscht eine große Unsicherheit darüber, welche Anreden korrekt sind und welche Stilebene gewählt werden soll; nicht einmal der Einsatz von Standardsprache kann in allen Fällen vorausgesetzt werden.

Kontrollverlust, Erhöhung der Komplexität, Erhöhung der Geschwindigkeit, Unsicherheit: Social Media wirkt bedrohlich für die Organisation Schule. Befreiend wirkt die Perspektive, den Wandel selber zu lenken. Werkzeuge einzusetzen, Veränderungen zu begrüßen, zu nutzen. Muuß-Meerholz schreibt:

Denkt man aber PR darüber hinaus als Dialog der Schule mit ihrer Umwelt, als Chance für Transparenz und Glaubwürdigkeit, als Möglich-

keit zum langfristigen Aufbau von Bekanntheit, Image und Reputation,
dann können Social Media und die Öffentlichkeitsarbeit von Schulen
»gute Freunde« werden. (Muuß-Meerholz, 2012a, S. 8)

Die folgenden Vorschläge nehmen einige der so genannten »Ottobrunner Forderungen« auf. Der Katalog mit sieben Vorstößen für digitales Lernen an deutschen Schule wurde auf dem Digilern Kongress 2012 verabschiedet (Lindner und
Berger, 2012). Sie fügen weitere Überlegungen, auch solche von Muuß-Meerholz,
hinzu und erweitern sie so zu zehn Prinzipien.

1. *Eigeninitiativen fördern.* Die Digitalisierung lässt sich nicht top-down planen,
   sondern muss unter Mitwirkung interessierter und kompetenter Lehrpersonen und Lernender erfolgen. Pioniere müssen entlastet und ermutigt werden,
   ihre Projekte voranzubringen. Regeln müssen gelockert werden, damit Engagement möglich ist und sich lohnt. Das gilt auf jeder Ebene: Im Unterricht
   müssen innovativen Schülerinnen und Schülern Freiräume gegeben werden,
   an der Schule Lehrpersonen, die neue Formen ausprobieren, und auf der
   politischen Ebene sollten Schulen ermuntert werden, projektartig Erfahrungen zu sammeln, ohne dafür bürokratische Hürden überwinden zu müssen.
2. *Netzwerke mit den Praktiken von Web 2.0 bilden.* Jede Schule besteht aus
   Netzwerken. Sie müssen so gewandelt werden, dass sie auf der Höhe der
   Zeit und der technologischen Möglichkeiten sind. Das heißt konkret, sie
   sollen einen individuellen Zuschnitt erhalten, sollen das Teilen von Inhalten
   nicht nur ermöglichen, sondern einfordern – es ist die einzige Möglichkeit,
   wie Kommunikation überhaupt stattfinden kann. Dazu gehört auch die Kultur, dass man voneinander lernt, dass erfolgreiche Initiativen übernommen
   und weiterentwickelt werden. Dialog ist das Kernprinzip von Social Media
   und sollte im Unterricht wie an der Schule stärkere Verbreitung finden.
3. *Neuer Umgang mit Inhalten.* Bildung bedeutet heute nicht mehr, von Schul-
   büchern oder Lehrpersonen ausgewählte Inhalte zu bearbeiten. Jede Schülerin und jeder Schüler – und natürlich auch jede Lehrperson – hat Zugang
   zu Informationen, sie können eine eigene Auswahl treffen, Inhalte komponieren und kommentieren (vgl. Kapitel 2). So bearbeitete und weiterentwi-
   ckelte Materialien können und sollen wiederum geteilt werden; idealerweise
   in der Form von Open Educational Resources (OER), also Bildungsmedien,
   die kostenlos frei verwendet werden können.
4. *Eine neue Didaktik und Lernkultur.* Der Frontalunterricht ist didaktisch
   längst überholt – und hält sich doch hartnäckig an allen Schulen. Social
   Media ermöglichen einen neuen Anlauf, Projektlernen und selbstgesteu-

erte Lernaktivitäten von Schülerinnen und Schülern in den Mittelpunkt des Unterrichts zu stellen. Dabei wandeln sich auch die Rollen von Lehrenden und Lernenden: Das Wissen ist symmetrischer verteilt, Unterricht bedeutet stärker Lernbegleitung, Ermöglichen von Orientierung, Stärkung und Fokussierung; weniger das Vermitteln eines spezifischen Inhalts.

5. *Präsenzlernen und Netzlernen.* Zur neuen Didaktik gehört, dass Präsenz nur dann erforderlich ist, wenn die Anwesenheit der Lernenden produktiv genutzt wird. Tätigkeiten, die sich effizienter übers Netz erledigen lassen, werden in dieser Form zumindest angeboten. Dadurch steigen die Anforderungen auf beiden Seiten: Netzlernen ist mehr als nur Begleitung des Unterrichts oder eine technische Hürde, Präsenzlernen intensiver als es heute ist.

6. *Offenheit.* Anstatt von Transparenz zu sprechen, hilft es, sich eine Schule ohne Mauern vorzustellen. Räume sollten offen sein für die, die an der Schule interessiert sind – gleichzeitig sollten die Teilnehmerinnen und Teilnehmer am Schulgeschehen ermuntert werden, davon zu erzählen, neue Kanäle zu nutzen, um Erlerntes und Erlebtes zu verarbeiten und verbreiten. Natürlich darf Offenheit nicht mit Exhibitionismus verwechselt werden und die Rechte aller Akteure an einer Schule müssen geschützt sein.

7. *Echte Individualisierung und Vielfalt.* Social Media ermöglichen den Aufbau persönlicher Lernnetzwerke (vgl. Kapitel 3). Diese sind individuell zugeschnitten und erlauben eine beliebige Vielfalt von Lernmethoden und -inhalten. Diese Entwicklung betrifft die traditionelle Schule ganz direkt. Unabhängig vom Einsatz von Medien oder neuen Kommunikationsgeräten muss das Unterrichtsgeschehen variantenreicher und individueller anpassbar werden. Individualisierung bedeutet aber auch, dass die Institution stärker als ein Netzwerk einzelner Menschen verstanden wird, die sich auch als Menschen präsentieren: in der Schule wie in der Öffentlichkeit. Privates und berufliches Leben überschneiden sich öfter – ohne, dass das zu einem Problem werden muss.

8. *Partizipation.* Die neue Didaktik ist eine der geteilten Verantwortung: Schülerinnen und Schüler gestalten Unterricht mit, sie gestalten auch Schule mit. Die digitale Kommunikation gibt ihnen dafür die nötigen Werkzeuge, weil sie Entscheidungsfindung vereinfacht und schlanke Organisation von Prozessen ermöglicht. Wenn Initiative begrüßt wird und Neuerungen auch bottom-up eingeführt werden, sind die Grundlagen für erweiterte Formen von Partizipation gegeben. Dazu gehört auch die Einbindungen von Lehrpersonen in die strategische Ausrichtung der Schule und die Auflösung von ständigen Hierarchien zugunsten von projektbezogener Entscheidungsfindung.

9. *Wandel begrüßen und als Potenzial verstehen.* Diese Haltung muss die Schulkultur prägen, wenn eine Gestaltung einer Veränderung erfolgreich

geschehen soll. Im Zweifelsfall soll für eine Neuerung entschieden werden, sollen Experimente dem Operieren mit bewährten Methoden vorgezogen werden. Gemeint ist nicht das Ausschalten von kritischer Prüfung, das unreflektierte Ausprobieren um des Ausprobierens willen, sondern ein Signal an die Lernenden und Lehrenden einer Schule, dass es begrüßt, geschätzt und eigentlich vorausgesetzt wird, dass man sich mit den Möglichkeiten neuer Formen von Kommunikation und dem Einsatz neuer Hilfsmittel vertraut macht, den Unterricht damit erweitert.

10. *Medienkompetenz als zentrale Fähigkeit betrachten.* Medienkompetenz lässt sich heute nicht mehr isolieren, als eine Kompetenz unter anderen verstehen. Medien durchdringen die Arbeit mit Inhalten. Das war schon immer so, aber mit einer klareren Trennung der Ebenen und Medienformen. In einem umfassenden, positiven Sinne ist Medienkompetenz die Befähigung und die Freude an der produktiven Verwendung von Medien, der Auseinandersetzung damit, dem Erwerb von Medienwissen und der Möglichkeit der Reflexion dieser Prozesse. Damit ist ausgeschlossen, dass sich Medienkompetenz modular auslagern lässt; auch ein erweiterter Informatikanwendungsunterricht oder die Warnung vor Medienmanipulationen werden der Bedeutung dieser Sammlung von Fertigkeiten und Fähigkeiten nicht gerecht.

Schulkultur und Social Media

Eine Schulkultur, also die Gesamtheit von Umgangsformen, Erwartungen, Traditionen und Symbolik einer Schule und ihrer Gemeinschaft, ist eigentlich eine Schulkommunikationskultur. Als solche ist sie Veränderungen der Kommunikationspraxis direkt ausgesetzt und davon betroffen. Gerade auch deshalb, weil fast jeder Prozess, der Schule ausmacht, in Social Media abbildbar ist.

Welche Einflüsse kann Social Media auf die wesentlichen Bestandteile von Schulkultur haben? Zunächst ist die Antwort ganz einfach: Ohne Kommunikation gibt es keine Schulkultur. Sie etabliert Normen und Werte in Bezug auf die Interaktion der Lehrenden und Lernenden an einer Schule und legt fest, welche Erwartungen berechtigt und welche unberechtigt sind. Social Media verändert Kommunikation und damit auch diese Normen, Werte und Erwartungen. Eine solche Veränderung ist nicht eindimensional zu beschreiben. Einige Verbindlichkeiten werden abgebaut: Ist es unabhängig von Ort und Zeit möglich zu kommunizieren, so wird die Möglichkeit genutzt. Sie ersetzt dann geplante, frühzeitige Informationsprozesse. Andererseits ist damit auch die Erwartung verbunden, dass die Möglichkeiten genutzt werden. Die Einführung von E-Mails kann aus einiger Distanz als erster Schritt in diese Richtung betrachtet werden: An einigen Schulen ist es heute üblich, dass sich kranke Schülerinnen und Schüler vom Unterricht bei all ihren Lehrpersonen per E-Mail abmelden. In der Konsequenz führt das aber auch dazu, dass vor Unterrichtsbeginn E-Mails gelesen werden müssen – auf beiden Seiten entsteht eine höhere Verbindlichkeit.

Das Beispiel zeigt, dass neue Kommunikationsformen die Entwicklung neuer Normen und Werte erfordern. Das Bestehen auf einer bewährten Kommunikationskultur durch den Ausschluss Neuer Medien ist eine höchstens mittelfristig sinnvolle Strategie, die sich immer stärker von der medialen Wirklichkeit der Familien und der Jugendlichen entfernt und damit aufwendiger zu vermitteln sein wird. Entscheidend ist aber, dass eine kommunikative Kultur mit Social Media erarbeitet wird. Der Ethnologe Daniel Miller (2011/2012) hat am Beispiel von Facebook gezeigt, wie das soziale Netzwerk in verschiedenen Kulturen ganz andere Formen annimmt. Es gibt, so seine Hauptthese, nicht ein Facebook, sondern in jeder Kultur ein ganz anderes. Analog gibt es nicht einfach Social Media mit festgelegten kommunikativen Verhaltensweisen, sondern kulturelle Prägungen von Social Media. Jede Schule kann und soll Social Media entsprechend vorhandener Werte und Normen formen.

Die Helene-Lange-Schule in Wiesbaden war 2007 Trägerin des Deutschen Schulpreises der Robert-Bosch-Stiftung. In einer Dokumentation zur Schulkultur (Helene-Lange-Schule, 2007) sind folgende Stichworte festgehalten:
– Beziehungen zwischen Menschen
– Das bin ich – das sind wir. Einander kennen heißt einander akzeptieren
– Wertschätzung der Leistung jedes Einzelnen
– Klassenraum als »Zuhause«, die Klasse gibt Halt
– Rituale geben Orientierung
– Verantwortung übernehmen: Selbstständig das Lernen organisieren; Schüler helfen Schülern; wir leben in einer Welt
– Das Lehrerteam: Unterricht und Organisation, Evaluation, Schulentwicklung, Fortbildung, Aufgaben und Ämter
– Schule dem Leben außen öffnen
– Schule ganzheitlich leben: Fächerübergreifende Projekte

An diesen Beispielen sieht man, dass gerade die individuelle und die soziale Komponenten von Social Media geeignet sind, Schulkultur in einem positiven Sinne zu ermöglichen. Fast alle der hier zitierten Schlagwörter können direkt auf den Umgang von Jugendlichen mit Social Media bezogen werden: Auch dort gibt es ein Zuhause in einer Community, erhält jede und jeder Einzelne für Leistungen Aufmerksamkeit, findet Organisation durch Selbstorganisation statt, werden Verbindungen zwischen Themen und eine Öffnung nach außen leicht gemacht.

Das heißt wiederum nicht, dass es ohne das Web 2.0 keine Schulkultur mehr geben kann. Aber die Befürchtung, sein Einsatz gefährde den Zusammenhalt und bewährte Konzepte, ist nur dann berechtigt, wenn neue Kommunikationsmittel nicht in die Kulturarbeit an einer Schule integriert werden. Wer länger Teil einer auf Social Media aktiven Gemeinschaft war, kann bestätigen, dass sich dort Menschen kennenlernen, die sich akzeptieren und wertschätzen und so gemeinsam auch Rituale pflegen. Jeden Sonntag Abend verbinden sich im deutschsprachigen Raum Tausende Menschen auf Twitter, um sich über den laufenden Tatort-Film auszutauschen. Sie finden dort eine Gemeinschaft, die ähnliche Interessen teilt, werden gehört und hören zu. Solche virtuellen Rituale sind auch einer Schulgemeinschaft zugänglich. Sie ermöglichen dann eine Verbindung, auch im privaten Bereich, schaffen einen virtuellen Klassenraum, der noch dann ein Zuhause ist, wenn sich die Schülerinnen und Schüler nicht darin befinden.

Profile von Schulen auf Social Media

Wenn Schulen darüber nachdenken, Social Media-Kommunikationskanäle zu nutzen, gilt vieles, was diesbezüglich bereits für Lehrpersonen festgehalten wurde: Schulen sollten eine dosierte, zurückhaltende Einführung wählen. Es ist wichtiger, Kanäle intensiv zu betreuen, als auf möglichst vielen präsent zu sein. Anders gesagt: Es gibt keine professionellen Social Media-Profile ohne regelmäßige Updates und schnelle Reaktion auf Nachrichten oder Erwähnungen. Profile können nur von erfahrenen Userinnen und Usern gepflegt werden, welche mit den Normen der Netzwerke vertraut sind und die Kommunikationsstrategie der Schule kennen.

Grundsätzlich – und das ist ganz wichtig – entstehen Profile auf Facebook ganz von allein. Für praktisch alle Schulen gibt es Profile und Seiten – auch wenn die Schule selbst gar keine Anstrengungen unternimmt oder unternehmen will. Diese Profile werden von Schülerinnen, Schülern, Ehemaligen oder Lehrpersonen angelegt oder sogar automatisch generiert: Viele Soziale Netzwerke erfragen beim Erstellen eines Profils, welche Schulen man besucht hat, damit Klassenkameraden einander als Kontakte vermittelt werden können.

Unterhält man bereits bestehende Konten nicht aktiv, läuft man Gefahr, dass man die Kontrolle über die externe Kommunikation verliert. Diese Überlegung steht in einem Widerspruch zur Empfehlung, zurückhaltend zu agieren. Zunächst muss an jeder Schule ein Bewusstsein für Social Media entstehen, zu dem auch gehört, einmal zu beobachten, wie die Schule im Internet präsent ist. Dazu eignen sich so genannte Monitoring-Tools wie *Mention*, das eine

Liste mit den Erwähnungen bestimmter Suchbegriffe auf sozialen Netzwerken erstellt. Daraus kann dann eine Übersicht erstellt werden, auf der auch bereits bestehende »Grauprofile« enthalten sein müssen. Diese sollten übernommen werden und, wenn sie nicht gepflegt werden können, möglichst stillgelegt und mit entsprechenden Informationen versehen; bis eine Pflege möglich ist. Für diese ersten Schritte kann es für Schulleitungen sinnvoll sein, eine Expertin oder einen Experten beizuziehen.

»Kommunikation ist Chefsache.« Dieser Marketing-Grundsatz betrifft auch Social Media. Es ist nicht möglich, sich öffentlich im Namen einer Schule zu zeigen, ohne mit den Entscheiden der Schulleitung und ihren strategischen Zielen vertraut zu sein. Wenn einzelne Lehrpersonen oder gar Schülerinnen und oder Schüler mit den Kanälen einer Schule experimentieren, besteht die Gefahr, dass unüberlegte Einträge eine unbeabsichtigte Wirkung entfalten. Die Tatsache, dass Inhalte im Internet permanent außerhalb der eigenen Kontrolle archivierbar sind und jederzeit aus dem Kontext gerissen werden können, erleichtert den Entscheid, die Erscheinung zurückhaltend aufzubauen.

Welche Funktionen übernehmen Social Media-Profile für die Kommunikation einer Schule? Das oben Gesagte schließt eine Funktion explizit aus: Sie dienen *nicht* dazu, Erfahrungen im Web 2.0 zu sammeln. Verantwortliche brauchen Erfahrung, viel sogar. Aber sammeln können sie diese nicht mit einem offiziellen Auftritt, sondern mit einem privaten oder sogar mit einem anonymen. Wer eine Organisation nach außen vertritt, muss wissen, wie das geht.

Die Studie »Social Media Schweiz 2012« der ZHAW (2012) zeigt, dass solche Social Media-Kanäle hauptsächlich für die Öffentlichkeitsarbeit, Imagepflege und den Dialog bedeutsam sein können. In mehreren Dimensionen:
– Viele Schülerinnen und Schüler suchen heute via Facebook nach Informationen, wie Kapitel 3 in Bezug auf die JAMES- und JIM-Studien gezeigt hat. Darunter sind auch potenzielle zukünftige Schülerinnen und Schüler der eigenen Schule, die sich nicht nur über den Facebook-Auftritt einer Schule einen Eindruck verschaffen oder sich Informationen besorgen, sondern die auch über die Verbindung von Freunden und Freundinnen auf Facebook die Schule wahrnehmen können.
– Auch Eltern präsentiert sich die Schule über Facebook. Gehaltvolle Status-Updates könnten die Funktion eines Newsletters einnehmen. Allgemeine Fragen von Eltern könnten so beantwortet werden, dass die Antworten öffentlich einsehbar sind, so lässt sich Redundanz verhindern. Präsenz auf Social Media signalisiert gerade Eltern Gesprächsbereitschaft – wenn man Dialoge pflegt.
– So könnte auch auf Schulveranstaltungen aufmerksam gemacht werden, die in Facebook als Events darstellbar sind. Soziale Netzwerke können so auch

andere Gäste auf öffentliche Veranstaltungen aufmerksam machen und diese mit zusätzlichem Material dokumentieren. Moderne Smartphones können Termine von Events zudem direkt aus Social Media in Kalendern speichern.

– Auch Schulerfolge können über Facebook und entsprechende Likes verbreitet werden und zu einem positiven Image einer Schule beitragen.

– Viele Alumni tragen in ihre Facebook-Profile ein, dass sie diese Schule besucht haben. Die Schule profitiert so indirekt auch von prominenten ehemaligen Schülerinnen und Schülern.

Aber auch innerhalb der Schule gibt es viel Interesse am Geschehen an der Schule. Social Media bieten sich an, um Bilder von Schulanlässen zu präsentieren und Schülerinnen und Schülern eine Möglichkeit zu geben, am Schulleben teilzuhaben, gewisse Ereignisse auch kommentieren zu können.

Die größte Gefahr, und das zeigt ebenfalls die ZHAW-Studie »Social Media Schweiz 2012«, ist eine fehlende Strategie. Es reicht nicht, dass eine interessierte Lehrperson ein Profil einrichtet. Die Kommunikation über das Profil muss abgestimmt sein mit allen anderen Bemühungen im kommunikativen Bereich, sie muss bewusst erfolgen und konkrete Ziele anstreben.

Mit einem Profil ist Aufwand verbunden: Es muss regelmäßig mit relevanten, einfach zugänglichen, ansprechenden Beiträgen bespielt werden, immer aktuell sein und überwacht werden (so genanntes *Monitoring*), um zu sehen, wo das Profil erwähnt wird und wer damit interagiert.

Besonders der letzte Punkt ist entscheidend: Über solche Profile ist es sehr leicht, z. B. einzelne Lehrpersonen zu beleidigen, Schülerinnen und Schüler bloßzustellen oder Verleumdungen zu verbreiten. Auch so genannte *Shitstorms,* also Kommunikationskrisen, können auf Social Media-Profilen in einer Nacht eine ungeheure Dimension annehmen.

Völlig neutral muss auch beurteilt werden, wie viel Kommunikation über Social Media erfolgen soll. Will man mit Eltern, Schülerinnen und Schülern über so ein Profil kommunizieren? Will man Rückmeldungen entgegennehmen, auf Kommentare reagieren – oder will man die Kommentarfunktion abschalten (und so möglicherweise Gefahr laufen, als nicht kommunikativ wahrgenommen zu werden)?

Das heißt letztlich, dass ohne genaue Gedanken über ein Profil und ohne die nötigen Ressourcen die Risiken größer sind als der Nutzen.

Wenn man sich die Frage stellt, auf welchen Netzwerken eine Schule am ehesten aktiv sein soll, führt heute an Facebook kein Weg vorbei: Einerseits sind Jugendliche hauptsächlich dort anzutreffen, andererseits entstehen dort Profile automatisch, wenn man passiv bleibt. Dasselbe gilt eingeschränkt für Youtube:

Wenn es Filme zur Schule gibt, die in die Öffentlichkeit gehören, gehören sie auch auf Youtube, weil sie sonst auch automatisch dort landen würden.

Twitter ist zwar gerade bei Kommunikationsprofis sehr verbreitet, aber viel elitärer und auch schneller als Facebook. Wer twittert, muss es regelmäßig und intensiv tun. Der Aufwand ist recht groß, der Nutzen – für eine Schule – wohl sehr bescheiden. Es gibt eine Reihe weiterer Netzwerke, mit denen Schulen in der Öffentlichkeit eine Wirkung entfalten könnten: Überraschende Bilder aus dem Schulalltag könnten – sofern sie keine Persönlichkeitsrechte verletzen – auf einem spannenden Instagram-Profil für Aufsehen sorgen, Unterrichtsmaterial könnte auf Pinterest-Seiten publiziert werden, Lehrpersonen könnten Fragen auf Quora stellen und beantworten.

Grundsätzlich reicht es heute, sich auf Facebook beschränken. Die Facebook-Seite soll frisch sein, immer wieder mit Updates versehen und dabei positiv gestaltet werden. Sie soll einen Teil des eigenen Webauftritts spiegeln, ihn aber unter keinen Umständen ersetzen, denn Facebook kann jederzeit alle Inhalte löschen – ohne Angabe von guten Gründen).

Der Facebook-Auftritt von Harvard kann hierfür als optimales Beispiel gelten. In einer kritischen Würdigung schreibt der Amerikanist Benedikt Schäfer:

> Alle Posts auf Harvards Facebook-Seite sind mit kurzen Anreißer-Texten sowie stimmungsvollen, professionell gemachten Fotos versehen und verlinken meist auf weiterführende Angebote der Universität. Fast täglich, manchmal auch mehrmals pro Tag stellt die Online-Redaktion Harvards neue Inhalte ein. Diese werden auffällig häufig kommentiert, geliked und geteilt. Allerdings sind die Community Manager von Harvard auf den ersten Blick nicht an den Diskussionen unter den Posts beteiligt. […]
>
> Der Kern der Universität, die Forschung, wird auf Harvards Facebook-Seite sehr plastisch und auf vielfältige Weise vermittelt. Es gibt Berichte über den erfolgreichen Wissenschaftsnachwuchs, über neueste Forschungsergebnisse, Konferenzen und Zitate ansässiger Wissenschaftler. An dieser Stelle wird besonders deutlich, wie durch den intensiven Gebrauch von Bildern Interesse für wissenschaftliche Forschung erweckt werden kann. Der für eine breitere Öffentlichkeit oftmals abstrakte Wissenschaftsalltag wird so zu etwas Konkretem, er wird greifbar. (Schäfer, 2012)

Es wird sichtbar, wie aufwendig die Pflege eines solchen Profils ist. Es vernetzt die einzelnen Bereiche der Schule, visualisiert sie und schafft ein bewusst gestaltetes Profil. Facebook eignet sich als Verbindung aller Online-Angebote, es ist ein Startpunkt für eine interessierte Öffentlichkeit.

Abb. 7: Facebook-Profil von Harvard, Februar 2013.

So kann man auch bilanzieren, dass weitere Profile auf sozialen Netzwerken nur dann eingesetzt werden sollen, wenn das angestrebte Ziel mit Facebook nicht erreicht werden kann. Die Bedeutungen dieser Netzwerke können sich jederzeit ändern, 2012 ist aber Facebook im deutschsprachigen Raum das einzige, auf dem genügend Menschen aktiv sind, damit eine öffentliche Wahrnehmung entstehen kann.

Ein Kommunikationsverantwortlicher, eine Kommunikationsverantwortliche soll das Facebook-Profil intensiv pflegen und der Schulleitung ab und zu berichten, was dort abläuft, und sie sofort informieren, wenn es zu problematischen Vorfällen kommt.

Arbeitsorganisation und Social Media

In ihrem Buch zur »Arbeitsorganisation 2.0« in Kultur- und Bildungseinrichtungen erwähnen Julia Bergmann und Jürgen Plieninger (2012, S. 1 ff.) einer

Reihe von Gründen, die aus Sicht einer Organisation dafür sprechen, *Social Software* einzusetzen. Sie leiten sich vom Vorteil ab, dass Werkzeuge nicht an Arbeitsplätzen einzusetzen sind, sondern ortsunabhängig, also mobil, genutzt werden können. Daraus leiten sich dann Vorteile wie »Flexibilität, Unabhängigkeit, einfache Zusammenarbeit, Netzwerk, hohe Verfügbarkeit, keine oder geringe Barrieren beim Transfer von Daten [...] vereinfache Kommunikation, einfache und schnelle Zusammenarbeit [...] auch ohne ›Meeting‹, unkomplizierter Austausch von Informationen und Daten« ab.

Diese Vorteile sind für den Bildungsbereich von großer Bedeutung, weil sie die Belastung von Lehrpersonen und Schulleitungen durch administrative und organisatorische Tätigkeiten reduzieren können. Sie ermöglichen eine freiere Einteilung von Zeiträumen und halten relevante Informationen im richtigen Kontext verfügbar. Allerdings ist der Aufwand nicht zu unterschätzen: »Bis man eine Sache einmal *anwendet,* ihren Mehrwert für die eigene Arbeit erkennt und sie dann einsetzt, vergeht einige Zeit und viele Impulse« (Bergmann und Plieninger, 2012, S. 2). Diese optimistische Sicht kann man verdeutlichen: Der Aufwand steigt mit der Einführung von Social Media als Mittel für die Arbeitsorganisation stark an. Das schulspezifische Entwickeln von Werkzeugen erfordert viel Aufwand, an den dann die Schulung von Lehrpersonen anschließen muss. Die Gefahr, dabei in alte Muster zurückzufallen, weil die neuen komplizierter und weniger ergiebig erscheinen, ist groß. Man muss sich in Erinnerung rufen, dass die Inhalte von Social Media-Tools von den Usern erstellt werden. Eine Agenda, eine Raumplanungsübersicht oder kollaborative Unterrichtsvorbereitung erscheinen analog auf den ersten Blick effizienter zu sein: Weil es schon Inhalte gibt und weil sie schon Jahrzehnte lang betrieben wurden.

Es ist deshalb zu empfehlen, Umstellungen so einzuführen, dass sie kaum bemerkbar sind. Folgende Prinzipien sollten beachtet werden:
-   Lange Einführungsphase, in der neue Werkzeuge freiwillig sind und parallel zu vorher verwendeten Vorgehensweisen eingesetzt werden.
-   Einbezug von innovativen Lehrpersonen, die in ihren Teams die Vorteile des Einsatzes von Social Media vermitteln können.
-   Die Arbeitsorganisation dort verändern, wo die Belastung oder die Unzufriedenheit hoch sind.
-   Schrittweise vorgehen: Nicht umfassende Tools mit allen Funktionen gleichzeitig verwenden, sondern zur Bearbeitung einer bestimmten Aufgabe.

Diese Empfehlungen müssen um eine Reflexionsebene ergänzt werden: Die durch Social Media schleichend voranschreitende Vermischung von Beruf- und

Privatleben, die arbeitspsychologisch auch an anderen Faktoren abzulesen ist, muss gedanklich bewältigt werden. In einem ersten Schritt mag es verlockend sein, Lehrpersonen anzubieten, Besprechungen durch Social Media zu ersetzen und Formulare elektronisch ausfüllen zu lassen, weil dadurch die individuell verwaltbaren Zeiträume vergrößert werden. Gleichzeitig entsteht dabei ein gewisser Druck, auch in der Freizeit schulische Arbeiten erledigen zu müssen. Dieser Druck lässt sich reduzieren, indem klare Vorgaben und Erwartungen erarbeitet werden, welche die Lehrpersonen schützen.

Schulbibliotheken 2.0

Schulbibliotheken oder -mediotheken könnten für die Neuorganisation der Arbeit an einer Schule eine zentrale Schnittstelle sein: Sowohl für Lehrpersonen wie auch für Schülerinnen und Schüler gab es vor wenigen Jahren nur wenige Arbeitsschritte, bei denen die Materialen einer gut geführten Bibliothek nicht hilfreich waren. Mit digitalen Hilfsmitteln werden zentrale Angebote ersetzbar: Nachschlage- und Referenzwerke werden komplett digital abgefragt, Medien auch digital genutzt und entliehen.

Welche Aufgaben könnte und sollte das geschulte Personal in Bibliotheken während und nach dem digitalen Wandel übernehmen? Wofür sollten die Ressourcen, die heute in die Anschaffung von Büchern und Medien fließen, künftig investiert werden?

Der Social Media-Berater Christoph Deeg (2013) schlägt vor, dass sich der Schwerpunkt von Mediotheken vom Bestand- zum Serviceangebot verlagern sollte. Kunden könnten Beratungen und Coaching im Umgang mit digitalen Medienangeboten erhalten: Wie können Sie Bücher im Internet entleihen? Wie lassen sich verschiedene EBook-Formate ineinander umwandeln? Wo lassen sich legal Medienangebote kostenlos beziehen? Wie kann das Digitalisieren von analogem Material erleichtert werden? Zudem würde auch ein sinnvolles kostenpflichtiges Angebot an einer Schule bezogen: Viele Fachpublikationen lassen sich digital abonnieren und über interne Netzwerke verteilen. Oft braucht es aber bei Lehrenden wie Lernenden viele Hinweise, bevor an einer Schule bekannt wird, dass auf Medienarchive, Nachschlagewerke und wissenschaftliche Zeitschriften online zugegriffen werden kann.

Beim Umstellen auf neue Formen von Arbeitsorganisation müssten also die Ressourcen der Bibliothek – das heißt die Arbeitszeit des dort arbeitenden Fachpersonals, aber auch die finanziellen Mittel – zur Unterstützung eingesetzt werden. Beim digitalen Wandel wird sich deutlich zeigen, dass Beratung und Begleitung wichtiger sind als das Anschaffen von neuen Geräten. Bevor also

die Mediotheken im großen Stil EBook-Reader anschaffen und neue Medien-
formate selber lagern, könnte es sinnvoll sein, von der Orientierung an einer
Mediensammlung auf das Angebot von Beratung bei der Nutzung Neuer Medien
umzustellen.

Vermittlung von Medienkompetenz

Die Forderung, dass die Vermittlung von Medienkompetenz an der Schule mehr
Beachtung erhalten muss, ist unbestritten. Der souveräne Umgang mit Neuen
Medien ist nicht nur Voraussetzung für einen sicheren Umgang mit sozialen
Netzwerken, sondern eine wichtige Qualifikation in einem beruflichen oder
akademischen Umfeld.

Unklar ist, wie Schulen Medienkompetenz vermitteln können. Es stehen
zwei Modelle im Raum: Die Integration von Medienunterricht in den Unterricht anderer Fächer sowie die Thematisierung in einem neuen Fach Medienunterricht.

Für den Weg eines neuen Fachs sprechen besonders die Probleme des bishe-
rigen Wegs, der an vielen Schulen auf integriertem Medienunterricht beruht hat.
Entscheidende pädagogische Argumente hat ein Team um Thomas Merz und
Heinz Moser an der Pädagogischen Hochschule in Zürich gesammelt (2008).
Sie lassen sich in folgenden Punkten zusammenfassen:
– Fächerübergreifender oder integrierter Medienbildungs- oder Informatik-
   unterricht findet nur am Rande oder gar nicht statt, er hat keine zentrale
   Bedeutung.
– Kompetenzen müssen systematisch aufgebaut werden, Lehrpersonen müssen
   sich darauf verlassen können, dass ihre Schülerinnen und Schüler bestimmte
   Kompetenzen mitbringen und anwenden können.
– Medienunterricht muss von kompetenten Lehrpersonen erteilt werden, die
   spezifisch dafür ausgebildet worden sind.
– Die Erfahrungen mit integriertem Medien- und Informatikunterricht lassen
   darauf schließen, dass das Konzept nicht erfolgreich ist.

Diese Überlegungen schließen die Autoren in der »Expertise Medien und ICT«
mit folgendem Fazit ab:

Ähnlich wie bei der Sprache wird auch bei der Medienbildung beides
notwendig sein: Sprache soll in jedem Unterrichtsbereich praktiziert
und die notwendigen Fähigkeiten gefördert werden. Trotzdem ist Unter-
richtszeit dafür ausgewiesen, damit eine systematische Förderung der

Sprachkompetenz gewährleistet werden kann. Der Vergleich mit Sprache ist noch in einem weiteren Sinne bedeutsam, denn bei der Medienbildung geht es letztlich um eine Erweiterung der Kulturtechnik Lesen und Schreiben unter den Bedingungen einer Mediengesellschaft. (Merz und Moser, 2008, S. 20 f.)

Dieser Vergleich könnte in der Bildungspolitik den Gedanken aufkommen lassen, das Fach Deutsch bzw. Muttersprache umzubauen zu einem Fach Medienbildung, in dem auch sprachliche Kompetenzen eine Rolle spielen.

Es gibt andererseits aber auch starke Argumente, die für eine Integration von Medienbildung und Informatikausbildung in den Fachunterricht sprechen. Häufig erfolgt diese Integration heute zufällig und unzuverlässig. Diese Probleme lassen sich aber in einem integrierten Ansatz lösen, wie die folgenden Argumente zeigen:

- Medien transportieren Inhalte, man setzt sie zu verschiedenen Zwecken ein. Bei einem Vortrag werden beispielsweise Inhalte visualisiert: An der Wandtafel, am Lichtbildschreiber, mit Präsentationen. Diese Inhalte und Zweck ergeben sich aus dem Fachunterricht. PowerPoint zu üben, Facebook theoretisch zu erfassen oder Wikis mit einem Pseudoprojekt zu füllen, sind keine nachhaltigen Beschäftigungen. Sinnvoll ist, mit Medien konkrete Aufgaben zu lösen und über das ideale Vorgehen nachzudenken.
- Es genügt nicht, wenn einzelne Lehrpersonen Kompetenzen im Umgang mit neuen Medien mitbringen. Alle Lehrpersonen müssen darin so geschult werden, dass sie nicht nur im persönlichen Umgang sicher sind, sondern auch in der Mediendidaktik ihres Faches.
- Integration geht nur dann, wenn ein systematischer, nachhaltiger Aufbau in den Lehrplan eingeschrieben wird. Es müssen verbindliche Vorgaben gemacht werden, welche Kompetenzen in welcher Jahrgangsstufe in welchem Fach vermittelt werden müssen.
- Der Vergleich mit den Sprachfächern ist im Idealfall der mit der *Immersion:* Ein Fach wird unter ständigen Nutzung von bereits vorhandenen Kompetenzen unterrichtet, diese dabei regelmäßig angewendet und fachspezifisch erweitert.

Neue Medien und Medienbildung sollen und müssen an der Schule ein großes Gewicht haben. In jedem Fach sind nur Kompetenzen relevant, die sich im heutigen medialen Umfeld anwenden lassen. Diese Bildung geht nicht auf Kosten von fachlichem Inhalt, sondern erweitert die Möglichkeiten der Fächer, indem Schülerinnen und Schüler lernen, fachspezifische Methoden mit Neuen Medien anzuwenden.

Diese Überlegungen gelten in einem noch stärkeren Maße für Social Media, weil zur inhaltlichen Komponente noch die persönliche und die soziale stoßen. In einem kurzzeitig angebotenen Fach können Lernende nicht erfahren, wie sie Persönliche Lernnetzwerke aufbauen können und mit anderen Lernenden oder Fachleuten in Kontakt kommen können, um von ihnen direkt zu lernen.

Die Schule als Schonraum

Pause. In vielen Schulzimmern dasselbe Bild: Lehrpersonen wie Schülerinnen und Schüler holen ihre Smartphones hervor, checken neue Nachrichten, tippen Mitteilungen, Status-Updates, Kommentare. Die Blicke versinken in den Geräten, die Nachbarin und die Freunde werden nicht mehr wahrgenommen, es gibt keine Räume mehr für Gespräche, für Streit, fürs Weiterdenken des Unterrichtsinhalts. Alle kapseln sich ab, in ihre eigene Welt, die doch eigentlich keine ist, sondern nur aus Daten besteht.

Eine solche Beschreibung der Realität hört man in vielen Lehrerzimmern. Ist die Kritik gerechtfertigt? Brauchen Schulen eine Art *Code of Conduct* im Umgang mit Technologie? Oder sollen sie sogar Schulregeln erlassen, die Smartphones ganz oder teilweise verbieten?

Eine Waldorfschule im Silicon Valley verzichtet ganz auf Technologie: Keine Computer in den Schulräumen, dafür viel physische Aktivität, Basteln, Tanzen, Kreativität (Richtel, 2011). Drei Viertel der Eltern der Schülerinnen und Schüler dieser Privatschule arbeiten in einem Beruf, der direkt mit moderner Technologie zu tun hat – und wollen ihre Kinder vor den schädlichen Einflüssen der Technologie schützen (Anderson und Rainie, 2012).

Waldorf-Schulen (oder in der Schweiz: Rudolf Steiner-Schulen) gibt es schon 100 Jahre neben staatlichen Schulen. Sie sind Räume, wo Alternativen erprobt werden können, wo aber auch extreme Haltungen zum Ausdruck kommen, gerade auch im Umgang mit moderner Medizin. Die Frage wäre: Ist diese Haltung die richtige?

Für die Schule der Zukunft gibt es zwei Leitvorstellungen: Auf der einen Seite den digitalisierten »Schulraum«, der kein Raum mehr zu sein braucht, weil sich immer wieder lose Gemeinschaften bilden, die miteinander lernen, verbunden durch Netzwerke, in denen alles Lernen kooperativ ist, Wissen und Gemeinschaften flüssig sind, privates Lernen mit schulischem verschmilzt, eine Einheit bildet.

Auf der anderen Seite steht die Vorstellung des Schulraums als Schonraum, wo die Gefahren des Berufslebens, also der Stress, die Technik, der soziale Druck ferngehalten werden und eine ruhige Entwicklung möglich ist: Reflexionsprozesse, Bildung von sozialen Gefügen, Selbstfindung.

Bei der Frage nach der Rolle der Smartphones entscheidet sich, auf welche Schulform der Zukunft eine Schule heute hinsteuert. Wer Social Media als Medien des Lernens, als eine Erweiterung des Unterrichts und eine Möglichkeit, soziale Bindungen zu pflegen, versteht, wird liberaler damit umgehen. Dann dürfen auch während des Unterrichts Smartphones benutzt werden. Die Gefahr, dass sie eine Quelle für Ablenkung bieten, wird reflektiert und gemeinsam mit den Schülerinnen und Schülern als Ausgangspunkt für einen sozialen Lernprozess benutzt. In einem Artikel der New York Times sagt eine Lehrerin stolz, sie habe die ungeteilte Aufmerksamkeit der Schülerinnen und Schüler, wenn sie Bruchrechnen mit einem selbst gebackenen Kuchen erkläre (Richtel, 2011). Auch in der digitalisierten Schule können Backwaren eingesetzt werden, um fokussiertes Lernen zu ermöglichen. Aber ebenso auch digitale Hilfsmittel. Konzentration im Zeitalter digitaler Kommunikation einzuüben ist eine Aufgabe für die Schule.

Die Trennung der Welt der Schule von der technisierten Welt um sie herum scheint heute noch eine Möglichkeit. Dafür braucht es aber strikte Regeln. Regeln schaffen einen Graben zwischen denen, die sie etablieren und durchsetzen, und denen, die sie befolgen müssen. Die Konsequenz aus der Vorstellung der Schule als Schonraum wäre, dass auch Lehrpersonen keine Computer und Handys mehr verwenden und ihren Unterricht wie vor hundert Jahren vorbereiten: mit Büchern, elaborierten Tafelbildern und Kopfrechnen.

Die Kunstprofessoren Gerald Raunig und Felix Stalder sehen in der Vorstellung vom Schonraum eine Ablenkung von den wirklich wichtigen Fragen:

> Den Austausch in den Zwischenräumen neuer Medien und Maschinen zu verhindern und zu kriminalisieren ist weder erfolgversprechend noch eine adäquate Antwort auf die gegenwärtigen Herausforderungen. Verstellt wird dadurch lediglich der Blick auf die eigentlichen Fragen: Wenn es stimmt, dass Wissen in der Kooperation entsteht, was sind die heutigen Bedingungen der Kooperation? [...] Wie können wir die existenzielle Absicherung von Wissens- und Kulturarbeit auf weitere Kreise ausdehnen? Wie können wir eine horizontale Kommunikation forcieren, in der nicht mehr ein Urheber am Anfang steht, sondern in der Mitte und durch die Mitte Serien der Autorschaft, Verdichtungen, Wendungen und neue Kombinationen entstehen? (Raunig und Stalder, 2012)

Mit dem Stichwort »horizontale Kommunikation« kann man abschließend festhalten, was die Herausforderung *Social Media* für die Schule bedeutet: Sie muss sich von der Funktionsbeschreibung des 19. Jahrhunderts lösen und in veränderten Bildungsprozessen und beschleunigten Verfahren von Informationsaustausch eine neue Aufgabe finden. Kooperation, Dialog, Wissensmanagement und persönliche Lernnetzwerke sind Begriffe, die den Umgang mit *Social Media* prägen, aber auch für die Schule eine zentrale Bedeutung einnehmen könnten. Entscheidend ist dabei, das Hierarchien und Differenzen eingeebnet werden: In der Schule der Zukunft pflegen Schülerinnen und Schüler mit ihren Lehrpersonen einen Dialog und die Schule selbst tauscht sich mit der Öffentlichkeit aus, anstatt sich von ihr abzukapseln. Das heißt nicht, dass sie nicht weiterhin die Funktion des Schonraums haben und wesentliche Kompetenzen vermitteln kann: Aber sie kann sich dabei den veränderten Möglichkeiten und Bedingungen gelungener Kommunikation nicht entziehen, sondern muss sie aktiv mitgestalten.

Schule, Standardisierung und Social Media

Social Media und die Bildungsorganisation sind geprägt von Standardisierungsbemühungen und hierarchischen Strukturen, obwohl sowohl die Ideale der dialogischen Kommunikation in Netzwerken und die des nachhaltigen Lernens Standards und Hierarchien einer fundamentalen Kritik unterziehen.

Der Aufbau von Netzwerken und die Organisation von Lernprozessen gehen von Subjekten aus. Sie erfolgen bottom-up: Entscheidend sind Motivation, Interessen und persönlicher Nutzen. Wesentliche Aspekte sind nicht messbar, nicht vergleichbar, nicht durch Standards abbildbar und nicht top-down festlegbar.

Vorgaben verhindern Abweichungen. Konzeptionell geht es dabei meist um unerwünschte Abweichungen: Auf standardisierten sozialen Netzwerken gibt es keine Überraschungen, keine unangenehmen Erfahrungen für die User. In einer standardisierten Bildungslandschaft lernen alle Schülerinnen und Schüler mit ähnlichen Methoden ähnliche Inhalte und werden ähnlich bewertet.

In der Realität werden aber vor allem positive Abweichungen verhindert: Innovative Projekte sind innerhalb der engen Grenzen des auf Social Media Erlaubten nicht mehr möglich. Ebenso können Lehrpersonen mit ganz spezifischen Stärken und Vorlieben diese in einer standardisierten Bildungslandschaft nicht entsprechend gewichten. Sie können nicht auf Wünsche oder Bedürfnisse von Lerngruppen eingehen, weil festgelegt ist, was wie unterrichtet werden muss.

Die große Herausforderung für Social Media ist es, dezentrale Netzwerke zu schaffen (Lovink 2011). Nur so können sie ihr gesellschaftliches und politisches Potenzial entfalten, ohne einen kommerziellen Nutzen innerhalb eines engen Gerüstes von Normen erbringen zu müssen. Entsprechende Projekte scheinen alle zwar viele Bedürfnisse von Benutzerinnen und Benutzern aufzunehmen, sich aber nicht durchsetzen zu können: Zu stark sind die großen Player wie Facebook, Google oder Twitter, welche durch die Speicherung von Daten viele User in ein Abhängigkeitsverhältnis treten lassen.

Auch hier gibt es eine Parallele zur Schule: Innovative Projekte werden zwar immer wieder formuliert, sie scheitern aber auch an der Macht der staatlichen und standardisierten Schule, deren Diplome eine politisch und gesellschaftlich klar bestimmten Wert haben. »Bildung für alle« im Sinne von Lindner (2012) ist nur möglich, wenn dezentrale Lernnetzwerke entstehen können.

Man könnte abschließend davon sprechen, dass sowohl Social Media als auch die Bildungsstrukturen gehackt werden müssen: In ihrem Selbstverständnis lösen Hacker auf kreative und ästhetische ansprechende Art und Weise Probleme. Sie tun dies als intellektuelle Herausforderung, nicht um einem von außen vorgegebenen Zweck zu genügen, und umgehen dabei Beschränkungen und Hindernisse, ohne auf Erwartungen Rücksicht zu nehmen. Dieses Ideal kann sowohl auf die Internetkommunikation wie auch auf die Bildung bezogen werden: Wenn sie funktionieren, dann bringen sie Menschen dazu, kreativ Probleme zu lösen, weil sie daran Spaß haben. Es wäre zu wünschen, dass dies gelingen kann.

6. Ausblick

Niemand weiß, wie die digitale Welt in zehn Jahren aussehen wird. Während sich die westlichen Gesellschaften in den letzten 50 Jahren nur marginal verändert haben, ändern sich digitale Praktiken sehr schnell: Eine Phase, in der die Nutzung von Pseudonymen im Internet selbstverständlich war, wurde fast unbemerkt abgelöst durch die Erwartung, mit dem Klarnamen präsent zu sein. Facebook ist in wenigen Jahren zum Maß aller Dinge im Web 2.0 geworden. Genauso schnell könnte sich eine andere Dienstleistung aufdrängen, ein neuer Trend aufkommen, den niemand vorhersieht.

Obwohl Prognosen müßig sind, werden im Folgenden einige Perspektiven auf die Zukunft von Social Media umrissen. Sie sind mit der Vorsicht zu genießen, die allen Prognosen entgegengebracht werden sollte.

Web 3.0

Weil Social Media heute einer der Schlüssel sind, um mit Internetkommunikation Geld zu verdienen, ist für Unternehmen von großer Bedeutung, wie sich das Web 2.0 weiterentwickelt. Spekulationen über das so genannte Web 3.0, also eine neue Version des Internets, die neue Oberflächen, neue Interaktionsformen und eine neue Generation von Inhalten mit sich bringt, stützen sich oft auf ähnlichen Trends. Genannt wird die Entwicklung hin zu mobiler Internetnutzung mit oft automatisierten Sensoren, welche die Interaktion teilweise ersetzen. Immer mehr werden mobile Geräte ohne zeitliche Verzögerung die Umwelt aufzeichnen und die Umwelt anderer wiedergeben.

Für die Schule ergeben sich daraus vor allem drei Herausforderungen. Die Orientierung an räumlichen und zeitlichen Konzepten aus dem 19. Jahrhundert wird zunehmend problematisch. Zögerliche Versuche, Unterricht mit neuen Raum- oder Zeitkonzepten durchzuführen, werden obsolet, weil die Lebenswirklichkeit der jugendlichen Mediennutzenden von einer nie da gewesenen Flexibilität geprägt sein wird. Schon Säuglinge werden heute per iPhone überwacht und interagieren per Skype mit ihren Großeltern, bevor sie reden können. Sie werden es als selbstverständlich erachten, menschliche Interaktion auch medial vermittelt zu erleben, weil das technologisch möglich ist. Für die Schule bedeutet das, dass wirkungsvolle didaktische Modelle entwickelt werden müssen, welche diese Flexibilität nutzen können.

Social Media wird Menschen immer stärker überfordern. Wenn sie überall in *real time* dabei sein könnten (und nicht einfach auf eine komprimierte Tagesschau angewiesen sind), dann müssen sie viel Zeit für die Filterung und Selektion der Inhalte aufwenden. Dafür brauchen Kinder und Jugendliche Unterstützung, auch durch die Schule. Wenn zu viel Energie darauf verwendet wird, einen digitale Dualismus zu lehren und predigen, der letztlich an der Vermischung der virtuellen und physischen Realität scheitern wird, dann fehlt der Aufbau entscheidender Kompetenzen, die heute nicht einmal klar benannt werden können, weil alte Paradigmen den Umgang mit Medien prägen.

Viele Kulturtechniken und Lernmethoden werden sich durch Web 3.0 ändern. Lernen, lesen, schreiben, rechnen, Leistung, Konzentration – all diese für die Bildung grundlegenden Konzepte werden sich verändern (Lindner, 2012).

Javascript als neues Latein

Javascript ist das neue Latein, meine Damen und Herren, wir sollten uns zügig daher überlegen, wie wir die Wissensvermittlung bei Kindern und Jugendlichen dahingehend verändern, dass wir das Erlernen einer modernen Programmiersprache mit in die Lehrpläne aufnehmen – denn wir wollen doch alle, dass die nachwachsenden Generationen das Rüstzeug für die Zukunft erhalten. (Lumma, 2012)

Mit diesem Aufruf forderte Nico Lumma beim Vorwärts Medienkongress »Kommunikation der Zukunft«, eine Programmiersprache als zweite Fremdsprache in der Schule zu unterrichten.

So zugespitzt der Vergleich auf den ersten Blick scheint – es lohnt sich, genauer über ihn nachzudenken. Latein und Javascript dienen nicht der Verständigung mit anderen Menschen. Es sind Sprachen, die mit einer sekundären Absicht gelernt werden. Latein erleichtert das Erlernen anderer Sprachen, fördert methodisches und problemorientiertes Denken und fordert Begabte besonders heraus.

Viele dieser Argumente können auf das Erlernen einer Programmiersprache übertragen werden. Diese muss nicht Javascript sein – Programmieren an sich eröffnet (begabten) Schülerinnen und Schülern ein Lernumfeld mit großem Potenzial. Es fördert methodisches Denken und hilft dabei, die eigenen Kommunikationsräume und -abläufe besser zu verstehen. Zudem hilft eine Programmiersprache dabei, andere wichtige Kompetenzen zu erwerben: Mathematische und naturwissenschaftliche Zusammenhänge erschließen sich leichter, wenn eine Programmiersprache vorausgesetzt werden kann, darüber hinaus werden damit Fertigkeiten erworben, die für fast alle Studienfächer (auch für geisteswissenschaftliche) von Vorteil sind.

Der Sinn des Vergleichs von Lumma ist nicht eine Ablösung des Lateins durch eine Programmiersprache – dafür hat Latein eine zu geringe Bedeutung im heutigen Curriculum. Unabhängig vom Fremdsprachenunterricht dürfte es in der Zukunft sinnvoll sein, eine Programmiersprache in der Schule für obligatorisch zu erklären. Der Fokus würde weg von der Anwendung bestehender Werkzeuge, hin zur Konstruktion eigener Hilfsmittel rücken. Das Internet wäre nicht länger ein Pool verschiedener Programme, denen Lernende passiv gegenüberstehen, sondern sie würden befähigt, diesen Pool zu erweitern und sich aktiv einzubringen.

Algorithmen als die Akteure der Zukunft

In der Zukunft von Social Media werden Algorithmen oder so genannte *Bots,* automatisch ablaufende Programme, eine große Rolle einnehmen. Die Science Fiction war lange von Robotern geprägt, Menschen nachgebildeten Geräten, die vollautomatisch operierten. Man kann nun die Form und sogar die Materialität dieser Denkfigur weglassen und einfach von »Handlungsvorschriften, die nach einem bestimmten Schema Zeichen umformen« sprechen – wie das Mercedes Bunz in ihrem Buch »Die stille Revolution« (2012) tut. Gibt es solche Handlungsvorschriften, dann gibt es natürlich auch entsprechende Geräte, die sie ausführen können, ohne dass es Menschen dazu braucht. Im Jahre 2020 wird es zwischen 50 und 100 Milliarden Geräte mit Internetanschluss geben; die alle Gegenstände und Lebewesen verwalten, nachverfolgen und orten können, welche mit einem RFID-Chip ausgestattet sind (Bunz, 2012, S. 154 f.). Schon 2007 gab es einen solchen Chip, der so klein wie ein Staubkorn war. Bunz spricht in ihrem Buch davon, dass diese Erkenntnis nicht zu Unrecht sofort zum Gedanken an die totale Überwachung führt:

> Wir sehen nur, wie eine bestimmte Technik in einem historischen Moment eingesetzt wird, und vergessen darüber, dass man damit auch noch ganz andere, bessere Dinge anstellen könnte. Konzentrieren wir uns noch einmal auf den wesentlichen Aspekt des Internets der Dinge: Es erlaubt uns, Projekte, für die wir neben Menschen und Informationen auch materielle

Gegenstände und Räume brauchen, wesentlich schneller, leichter und vor allem kostengünstiger zu organisieren. [...] damit verlieren die großen, hierarchischen, über Mitgliedsbeiträge, Steuergelder oder die von Aktionären bereitgestellten Mittel finanzierten Institutionen des Industriezeitalters ihr Monopol auf Unternehmungen eines bestimmten Ausmaßes oder Komplexitätsgrades. (Bunz, 2012, S. 156)

Während Bunz die Revolution der Algorithmen parallel zur Industrialisierung in einem gesamtgesellschaftlichen Rahmen beschreibt, möchte ich etwas konkreter zeigen, was Algorithmen für unseren digitalen Alltag bedeuten und wie sie heute – vielfach unbemerkt – schon präsent sind. Ich tue das anhand von sechs Beispielen, die ich kommentiere.

1. Algorithmen in Smartphones erkennen heute automatisch, wie hell sie den Bildschirm stellen müssen, damit wir ihn lesen können, bemerken, ob wir auf den Screen schauen und wie wir das Gerät halten. Sie lernen unser Tipp- und Schreibverhalten und verbessern unsere Fehler automatisch. Sie schlagen uns Musik und Apps vor, die wir wahrscheinlich mögen. Sie kennen unsere Kontakte, wissen, wie und worüber wir mit ihnen kommunizieren. Sie verbessern unsere Bilder automatisch. Wir werden nicht lange auf die ersten Optionen in sozialen Netzwerken warten müssen, die es erlauben, dass ungefragt interessante Statusmeldungen, Bilder oder Videos gepostet werden. Schließlich können Algorithmen problemlos erkennen, nach welchen Mustern wir handeln. Unsere Smartphones werden unsere Umwelt wahrnehmen und in der Lage sein, Ausschnitte daraus zu teilen. Während wir heute nur noch in der Lage sind, etwas Bedeutsames zu erleben, wenn wir es digital festhalten, werden Algorithmen diese Aufgaben so für uns übernehmen können, dass wir die maximale Aufmerksamkeit unserer Kontakte erhalten.

2. Unsere Kontakte könnten bereits heute problemlos Algorithmen oder Bots sein. Mithilfe der im Internet verfügbaren menschlichen Äußerungen können Algorithmen selbstständig Facebook-Profile füllen und mit anderen Usern interagieren. Spricht uns jemand Unbekanntes im Internet an, können wir heute nicht sagen, ob dahinter eine Person oder ein Bot steckt. Diese Unsicherheit wird zunehmen, wenn z. B. Unternehmen für die Kundenberatung, etc. Algorithmen im großen Stil einsetzen, die menschliches Verhalten imitieren und so nicht als solche zu erkennen sind.

3. Algorithmen können für uns Routinearbeiten erledigen. Sie werden dabei immer besser in der Lage sein, von uns zu lernen: Wir zeigen ihnen zwei-, dreimal, was wir machen wollen, und sie führen den Schritt dann selbstständig aus. Dadurch werden viele Arbeitsschritte ihre Bedeutung und ihren

Wert verlieren; geistige Arbeit wird davon stark betroffen sein, vor allem, wenn sie aus Routinearbeiten besteht. Betrachten wir nur Berufe, die mit Büchern zu tun haben: Jeder Buchhändler und jede Bibliothekarin ist heute durch einen Algorithmus ersetzbar. Sie finden Bücher nicht nur schneller, sondern können relevante Passagen zitieren (Amazon sammelt für jedes Buch die Passagen, die am häufigsten angestrichen werden) – und zwar aus allen Büchern. Zudem können sie Leserinnen und Leser anhand ihrer Lektüreerfahrungen besser einschätzen.

4. Überhaupt sind Algorithmen fast in jeder geistigen Tätigkeit Menschen überlegen, die nicht hoch talentiert und enorm erfahren sind. Das zeigt sich sowohl am Schachspiel wie auch beim Pokern. Wettkämpfe sind nur noch möglich, wenn sichergestellt werden kann, dass Algorithmen nicht zur Unterstützung herangezogen werden. Damit ist auch gezeigt, dass Algorithmen uns Menschen verbessern werden. Sie werden unsere Schwächen kompensieren, wie eine Brille das tut. Viele Menschen nutzen heute komplexe Computer mit schlauen Algorithmen, um ihr Gehör zu verbessern. Aus diesen Hörgeräten werden bald Denkgeräte entstehen, die verhindern, dass wir vergessen, was wir nicht vergessen wollten, dass wir abschweifen, wenn wir uns konzentrieren wollen.

5. Algorithmen werden bestehende Medien in andere umwandeln. Sie werden uns Texte vorlesen, bildlich darstellen oder Gehörtes verschriftlichen, wenn wir das wünschen. Sie werden Sprachen in andere übersetzen, in *real time* und ohne Kosten. Sie werden unsere Gesten besser verstehen, als wir das heute können: Erkennen, wann Babys zur Toilette müssen, wann sie Schmerzen haben.

6. Bereits heute finden wir Informationen nur noch dank Algorithmen. Google zeigt uns, was wir finden wollen – und zwar anhand von verschiedenen, automatischen Abläufen, die unser Suchverhalten, das anderer Menschen sowie weitere Kriterien berücksichtigen. Die Technik der Google-Suche kann an beliebigen Orten eingesetzt werden. Nehmen wir die iPad-Menukarte im Restaurant: Sie kann uns problemlos Vorschläge aufgrund unseres Essverhaltens sowie der Vorlieben anderer Menschen machen, kombiniert mit Preisüberlegungen, Wartezeit etc.

Algorithmen werden unbemerkt unverzichtbar werden. Heute können wir die Geräte eine Weile weglegen und ohne sie leben. Bald wird uns das so wünschenswert erscheinen, wie ohne Kleider aus dem Haus zu gehen. Auch das könnten wir, es ist aber nicht nur sozial geächtet, sondern auch meist sehr unbequem.

In seinem Buch »Gadget« hält Jaron Lanier (2010) fest, dass unsere Unfähigkeit, online zwischen Mensch und Algorithmus zu unterscheiden, eine Reduktion unseres Menschenbilds zeigt: Wir erwarten von einem Menschen nicht mehr als von einem Algorithmus. Das ist eine Sicht. Lanier behauptet, nur Menschen könnten Bedeutungen hervorbringen. Das darf stark bezweifelt werden: Bald werden uns vollautomatisch erstellte Bilder, Texte und Videos zu Tränen rühren und lachen machen, weil Algorithmen wissen, was für uns lustig ist und was berührend. Mit uns werden auch Algorithmen lachen und weinen – weil sie gelernt haben, wann Menschen das tun. »Die Digitalisierung bietet uns heute die Möglichkeit, eine andere Zukunft zu gestalten. Und aus ihr wird, was wir aus ihr machen«, schreibt Bunz (2012, S. 160) optimistisch. Unklar ist, wer wir sein werden, die diese Zukunft gestalten: Gibt es in zehn Jahren noch ein Ich ohne Hilfsmittel? Und: Wäre das zu bedauern?

Eine neue Gesellschaft?

Der Soziologe Dirk Baecker (2012, S. 5 f.) spricht in einem Aufsatz davon, das Internet sei wie die Schrift und der Buchdruck eine »funktionale Turbulenz«, die letztlich dazu führen würde, dass sich die Gesellschaft entwickle:

> Das Internet ist ein Medium einer Beunruhigung wie auch einer Zähmung dieser Beunruhigung in einer Gesellschaft, die sich im Modus der Moderne, geschweige denn der Antike oder der Stammesgesellschaft nicht mehr versteht, obwohl Referenzen auf die Vernunft, den Kosmos und die Gemeinschaft nach wie vor mitschwingen. Stattdessen versteht sie sich im Modus überraschender Verknüpfungen innerhalb durch und durch unzuverlässiger Netzwerke.

Die Beunruhigung durch Internetkommunikation liegt darin, dass das Internet die gesellschaftliche Wirklichkeit verändert:

> Längst haben wir auch gelernt, der uns entgegenkommenden Personalisierung der Antworten der Suchmaschinen und sozialen Medien auf unsere Anfragen zu misstrauen. Aber all das ändert nichts daran, dass wir noch kein wirkliches Gefühl dafür haben, wie das Internet unsere Wirklichkeit verändert. (Baecker, 2012, S. 3)

Das Internet, so der Titel von Baeckers Aufsatz, ist als Medium unsichtbar, es sei »immer nur die nächste, noch nicht wahrgenommene Möglichkeit« (Baecker, 2012, S. 2). Wir wissen daher nicht, wie sich das Medium entwickeln wird, kennen diese Möglichkeiten nicht. Internetkommunikation verändert unsere bewährten Strategien mit medialen Inhalten, es erzeugt und enttäuscht Erwartungen, scheint viele bekannte Werkzeuge einfach mit effizienteren zu ersetzen, die dann aber plötzlich ganz andere geworden sind.

Damit beschreibt Baecker die Unsicherheit, die, so seine Prognose, einen gesellschaftlichen Wandel auslösen wird. Dieses Buch hat an mehrere Stellen gezeigt, dass die so genannten Neuen Medien neue gesellschaftliche Organisationsformen ermöglichen und insbesondere die Funktion der Schule und die Bedeutung der Bildung als veränderbar erscheinen lassen. Wenn aus Social Media eine neue Gesellschaft entstehen kann, dann sicher auch eine neue Schule.

Der Soziologe Baecker beobachtet nur. Lehrende und Lernende können handeln: Sie können den Wandel gestalten und mit Bedeutung ausstatten.

Materialien

Die folgenden Materialien lassen sich jeweils auch digital abrufen und weiterverarbeiten. Die digitale Sammlung wird gepflegt und ergänzt, entsprechend finden sich online mehr Dokumente, als hier abgedruckt sind. Die Materialien beginnen mit einem kursiv gedruckten Einführungskommentar. Schülerinnen und Schüler werden auf allen Merkblättern konsequent gesiezt.

Merkblatt: Social Media-Guidelines für Schulen

Obwohl immer mehr Schulen Richtlinien für den Einsatz von Social Media formulieren, gibt es gute Argumente gegen solche Richtlinien. Der Journalist Mario Sixtus schreibt beispielsweise:

> Laut vieler Guidelines wünschen sich Unternehmer, dass ihre Mitarbeiter im Social Web »ehrlich«, »authentisch«, »respektvoll«, und »höflich« auftreten (an dieser Stelle bitte Loriot mit einem »Ach was!?« imaginieren), bedeutet das im Umkehrschluss, dass die gleichen Mitarbeiter außerhalb des Social Web, also im so genannten »echten Leben«, »unehrlich«, »gekünstelt«, »respektlos« und »unhöflich« auftreten dürfen? Wer Sonderregeln für das Verhalten im Internet einführen will, beweist damit nur, dass er selbst noch nicht im Internet-Zeitalter angekommen ist, dass das Web für ihn ein fremder Ort ist. (Sixtus, 2012)

Es würde für die Schule so gesehen genügen, allgemeine Verhaltensregeln für die Öffentlichkeitsarbeit und für die Vertraulichkeit von Informationen zu etablieren, unabhängig davon, ob man damit traditionelle Medien, Kaffeeklatsch oder Facebook meint.

Da aber in Bezug auf Social Media viel Unsicherheit herrscht, ist es verständlich und nachvollziehbar, dass entsprechende Guidelines entwickelt werden. Es empfiehlt sich, folgende Punkte zu beachten:

1. *Positive Grundhaltung*
   Während problematische Bereiche selbstverständlich aufgezeigt werden müssten, sollte die Ermutigung, Social Media sinnvoll einzusetzen, in Guidelines nicht fehlen. Betroffene sollten davon ausgehen können, dass ihr Engagement in sozialen Netzwerken von einer Schule geschätzt wird.

2. *Knapp und klar*
   Gute Guidelines sind kurz und verwirren nicht mit Fachbegriffen oder unklaren Aussagen.

3. *Adressaten*
   Sinnvoll sind umfassende Guidelines dann, wenn sie sich an alle Akteure wenden: Also an die Schulleitung selbst, die Administration, die Lehrpersonen sowie die Schülerinnen und die Schüler. Eventuell ist es aber auch sinnvoll, jeweils getrennte Leitfäden zu verfassen. Entsprechende Beispiele finden sich auf den nächsten Seiten.

4. *Der Sinn von Guidelines*
   Am Anfang sollte stehen, warum diese Guidelines nötig sind. Es sollte deutlich werden, dass die Schule bestimmte kommunikative Ziele verfolgt und Social Media ein Teil davon ist. Eine Guideline darf nicht wie ein Regelwerk daherkommen, mit dem Kontrolle und Überwachung assoziiert werden.

5. *Offizielle Kanäle der Schule*
   Es sollte allen Mitarbeitenden und auch den Schülerinnen und Schülern klar sein, welche Kanäle die Schule offiziell pflegt (wo findet man das richtige Facebook-Profil etc.). Sinnvoll kann auch sein, wenn Lehrpersonen und auch Schülerinnen und Schüler eingeladen werden, sich an den offiziellen Kanälen zu beteiligen.

6. *Privates und berufliches Auftreten auf Social Media*
   Alle unter 3. erwähnten Akteure repräsentieren auch die Schule, wenn sie mit ihrem Namen auf Social Media aktiv sind. Das sollte eine Guideline deutlich machen.

7. *Funktionsweise von Social Media, Auswirkungen*
   Guidelines sollten darauf hinweisen, dass sich Botschaften auf Social Media sehr schnell verbreiten können und dass ihre Verbreitung kaum mehr gestoppt werden kann. Kontrolle gibt es nur, bevor etwas gepostet ist, nachher nicht mehr.

8. *Verhalten*
   Ein selbstverständlicher Punkt, der dennoch erwähnt werden muss: Auf Social Media verhält man sich anständig, höflich und offen. Die Kommunikationsschwellen liegen sehr tief, die Emotionalität ist teilweise hoch, den-

noch gelten die Gepflogenheiten des persönlichen Umgangs. Zudem sollten Fragen beantwortet und Feedback aufgenommen werden.

9. *Themen*

Guidelines können Themen ausschließen: Gewisse religiöse und politische Themen könnten einer Schule zu heikel sein, ebenso sind Interna selbstverständlich auf Social Media tabu. Das gilt auch für Schülerinnen und Schüler: Nur weil es Social Media gibt, ersetzen sie nicht alle etablierten Kommunikationskanäle und Feedback-Möglichkeiten.

10. *Privatsphäre und Gefahren*

Es genügt ein Hinweis, dass Privatsphäreneinstellungen wichtig sind und Social Media nicht ohne Gefahren sind, über die man sich informieren sollte. Es wäre weder möglich noch sinnvoll, Gefahren abschließend aufzulisten.

Merkblatt: Social-Media-Guidelines für Lehrpersonen

Dieses Merkblatt ist ein Beispiel, wie eine Social-Media-Guideline für Lehrpersonen aussehen könnte. Es ist zu empfehlen, solche Merkblätter in Zusammenarbeit mit den Lehrpersonen zu entwickeln, insbesondere mit denen, die soziale Netzwerke (im Unterricht) nutzen.

Der erste Punkt reicht der englischen BBC als Guideline. Er enthält eigentlich alle weiteren Überlegungen.

1. Tun Sie nichts Unüberlegtes!
2. Lehrpersonen sind im Internet nie nur Privatpersonen, sondern werden als auch Vertreterinnen und Vertreter der Schule wahrgenommen.
3. Achten Sie auf Ihren Ruf und auf den Ihrer Schule.
4. Tun Sie nichts, was Zweifel an Ihrer Qualifikation für den Lehrberuf und an Ihrer Fairness gegenüber den Schülerinnen und Schüler auslösen könnte.
5. Zeigen Sie Fingerspitzengefühl bei politischen, religiösen und anderen heiklen Themen.
6. Schreiben Sie nichts, von dem Sie nicht wollen, dass es auch morgen oder in einigen Jahren noch im Netz zu finden sein wird.
7. Soziale Netzwerke sind Werkzeuge, keine Spielzeuge.
8. Interagieren Sie mit Schülerinnen, Schülern und anderen Lehrpersonen.
9. Bleiben Sie höflich.
10. Kümmern Sie sich um Ihre Privatsphäreneinstellungen.
11. Halten Sie sich auch im Netz an soziale Gepflogenheiten und Gesetze; insbesondere ans Urheberrecht.

Merkblatt: Social Media im Unterricht

Dieses Merkblatt sollte vor einer intensiven Nutzung von Social Media im Unterricht abgegeben werden. Es enthält wichtige Punkte nach einem ähnlichen Merkblatt von Mary Chayko (Wampfler, 2012b).

Das Merkblatt ersetzt den Dialog mit den Schülerinnen und Schülern in Bezug auf ihre Erlebnisse und ihr Verhalten im Internet nicht.

Soziale Netzwerke wie Facebook, Twitter, Foren, Chats und Blogs werden heute für die Kommunikation mit Freunden und Familie auf verschiedene Arten genutzt. Wie im direkten Kontakt mit anderen Menschen repräsentieren Sie auf sozialen Netzwerken sich selbst, Ihre Familie und Ihre Schule. Verhalten Sie sich deshalb anständig und seien Sie ehrlich. Dabei helfen Ihnen die folgenden Hinweise.

Wenn Sie im Unterricht Aufgaben erhalten, die sich mit Social Media erledigen lassen, dürfen und sollen Sie das auch tun. Es stehen Ihnen aber immer auch alternative Arbeitsmethoden zur Verfügung, niemand wird zur Benutzung von sozialen Netzwerken gezwungen.

1. Überlegen Sie sich immer zweimal, ob Sie etwas auf sozialen Netzwerken posten wollen oder nicht.
2. Seien Sie online respektvoll und positiv.
3. Denken Sie daran, dass viele andere Menschen mit einem anderen Hintergrund lesen und sehen, was Sie hinterlassen: Kinder, Menschen aus anderen Kulturen, Ihre Familie, zukünftige Arbeitgeber, usw.
4. Wenn Sie in Bezug auf eigene oder fremde Handlungen auf sozialen Netzwerken unsicher sind, fragen Sie bei erfahrenen Erwachsenen nach. Verzichten Sie im Zweifelsfall auf die Handlung, bis Sie sich sicher sind.
5. Gehen Sie davon aus, dass alle Texte, Bilder und Videos in sozialen Netzwerken öffentlich einsehbar sind, auch wenn Sie sie schützen.
6. Denken Sie daran, dass alles, was Sie online tun, gespeichert wird und von Ihnen nicht mehr gelöscht werden kann.
7. Verwenden Sie gleichwohl private oder anonyme Profile, wenn Sie schulische Arbeiten erledigen.
8. Hinterlassen Sie keine persönlichen Daten wie Adressen, Telefonnummern, Geburtsdaten, Stundenpläne oder ähnliche Daten auf sozialen Netzwerken. Sie gefährden dadurch möglicherweise sich selbst und oder andere.
9. Verhalten Sie sich professionell und verzichten Sie auf die Darstellung von Gewalt, von Straftaten oder sexuellen Handlungen auf sozialen Netzwerken.

10. Vermeiden Sie auch Fotos, Videos oder Texte, die Sie oder andere so erscheinen lassen, dass Sie sich dafür schämen könnten.

11. Sie sind nicht nur für eigene Inhalte verantwortlich, sondern auch für Inhalte, die andere auf Ihren Seiten hinterlassen.

Merkblatt: Umgang mit Smartphones im Unterricht

Mit den Smartphones ist das Internet im Unterricht präsent. Es geht nicht einfach um eine Ablenkungsquelle, auch wenn viele Lehrpersonen das so sehen. Seit es Schule gibt, schreiben die Lernenden Briefchen, lesen Bücher, füllen Kreuzworträtsel aus. Ablenkung ist etwas, womit Schule umgehen kann. Eine Überforderung entsteht, weil Schülerinnen und Schüler jederzeit Informationen abrufen und mit anderen Menschen in Verbindung treten können. Dieser Überforderung muss man sich stellen.

Was sind Rezepte dagegen? Im Folgenden einige Tipps, von denen ausgehend individuelle Schullösungen gefunden werden können.

1. Sich auf die Präsenz von Smartphones einzustellen und diese Tatsache produktiv zu nutzen, es also zu begrüßen, dass Informationen abgerufen werden können und Schülerinnen und Schüler dazu einzuladen, das auch zu tun.

2. Ablenkungen vom Unterrichtsgeschehen und Lernen vermeiden und klar darauf reagieren – unabhängig davon, ob digitale Geräte an der Ablenkung beteiligt sind oder nicht.

3. Klare und umsetzbare Regeln entwickeln und allen Lehrpersonen und Lernenden erklären.

4. Eine private und eine schulische Verwendung von Internetkommunikation unterscheiden.

5. Davon ausgehend entweder den privaten Gebrauch von Kommunikationsgeräten an der Schule überhaupt (und damit wohl auch das Mitbringen und Mitführen von entsprechenden Geräten) oder aber in gewissen Räumen (z. B. Unterrichtsräumen) zu verbieten. Das wird zunehmend schwierig, weil bald jeder Taschenrechner und jede Uhr mit dem Internet verbunden sein werden.

6. Der entscheidende Punkt ist die Umsetzung: Ist die Schule gewillt, entsprechende Ressourcen für die Durchsetzung dieser Regelungen bereitzustellen? Kann sie sinnvolle Maßnahmen oder Strafen festlegen, die einer Lernkultur nicht abträglich sind?

7. Eine Alternative könnte ein »Learner Profile« sein:
Lehrpersonen, Angestellte und Schülerinnen und Schüler verwenden private und schuleigene technische Lernunterstützung. Sie vermeiden Ablenkungen

vom Unterricht und vom Lernen unter allen Umständen. Da mobile Geräte die Konzentration und den sozialen Zusammenhalt stören können, wird die Nutzung an der Schule auf das Notwendige beschränkt.

Damit wird auch klar, dass entsprechende Lösungen immer Lehrpersonen mitbetreffen sollen und müssen.

8. Für den schulischen Gebrauch – der ja dann gerade wieder die nötigen Kompetenzen zum Umgang mit mobilen Kommunikationsmitteln vermitteln soll – gilt Folgendes: Die Vermittlung von Kompetenzen muss immer mit einer Reflexion verbunden sein. Ist das nun das richtige Mittel für diese Aufgabe? Daraus sollte ein Bewusstsein entstehen, das dann auch den Privatgebrauch mit einschließt.

Unterrichtseinheit: Social Media-Portfolio

Ohne die Arbeit mit Portfolios genauer vorzustellen geht der folgende Vorschlag einer Unterrichtseinheit von der Annahme aus, dass die selbstständige Auseinandersetzung mit einer Fragestellung und dem kommunikativen Verhalten von geübten Social Media-Usern zu vertieften Einsichten bei Lernenden führt.

Die Einheit sollte einen längeren Zeitraum beanspruchen, sinnvoll wären zwischen zehn und zwanzig Wochen, in denen das Portfolio geführt wird.

1. *Entwicklung einer konkreten Fragestellung.*
   Die Fragestellung kann von außen vorgegeben werden, stammt aber idealerweise von der Person, die lernt.
   Einfache Beispiele für Social Media-Fragestellungen wären: »Wie funktioniert Twitter?«, »Wie vernetzen sich Menschen im Internet?«, »Was muss man machen, um einen erfolgreichen Blog zu führen?«, »Wie präsentieren sich Politikerinnen und Politiker auf Social Media?«, »Wie nutzen Unternehmen Facebook?«; »Wie überprüft man den Wahrheitsgehalt von Social Media-Inhalten?«

2. *Den Fokus auf wenige geeignete Profile oder Personen einschränken*
   Hilfreich sind dafür thematisch sortierte Listen von geeigneten Profilen, die sich mit einer Suche leicht finden lassen.

3. *Sich mit den wichtigsten Fachbegriffen und den Kriterien, nach denen die Listen erstellt wurden, vertraut machen.*
   Es gibt für alle Netzwerke leicht lesbare Einführungen. Sinnvoll ist es aber auch, begleitend zum Lernprozess eine Begriffsliste anzulegen mit Fachtermini, die (noch) nicht klar sind.

4. *Regelmäßig die Einträge auf den ausgewählten Profilen lesen.*
   Man könnte z. B. alle Einträge auf dem Twitterprofil von Julia Schramm (@ laprintemps) lesen oder jede Woche einmal die Facebook-Seite von Coca Cola und Bionade aufrufen.

5. *Die wichtigsten Beobachtungen und Auffälligkeiten mit einfachen Fragestellungen protokollieren*
   Wer ist es, der oder die genau aktiv ist bzw. sind? Was sind die wichtigsten Themen? Wie werden sie präsentiert (Stil, Links, Abkürzungen etc.)? Wie reagieren Leserinnen und Leser darauf? Ergeben sich Dialoge und Diskussionen? Sind sie ergiebig? Usw.

6. *Die Beobachtungen reflektieren*
   Abschließend in einem längeren Text festhalten, was man gelernt hat, was einen gestört hat, welche Erkenntnisse für das eigene Auftreten auf Social Media bedeutsam werden könnten (privat oder beruflich).

7. *Die Erkenntnisse austauschen*
   Die Ergebnisse der Arbeit mit individuellen Portfolios sollten in Gruppen oder in der Klasse präsentiert und ausgetauscht werden. Dabei sollte eine Wiederholung von Schritt 6 vermieden werden.

Unterrichtseinheit: Blogs führen

Der Einsatz von Blogs im Unterricht kann mit einer Reihe von Lernzielen verbunden werden. Zu nennen sind zunächst der Aufbau von Medienkompetenz, Medienreflexion, Üben und Festigen schriftlicher Ausdruckskompetenz, Umgang mit digitaler Fachliteratur und das Einbauen von Feedbackprozessen innerhalb der Klasse.
Je nach Aufgabenstellung können die Blogs andere Themenfelder umkreisen und entweder von jeder Schülerin und jedem Schüler einzeln geführt werden oder in Teams. Im Folgenden eine Liste der zentralen Aspekte bei der Durchführung eines Blogprojekts:

1. *Ziele klar angeben*
   Viele Schülerinnen und Schüler bloggen gern. Aber sie müssen motiviert werden, indem ihnen gesagt wird, weshalb das ein sinnvolles Projekt wird und welche spezifischen Eigenschaften von Blogs den Aufwand lohnen. Blogprojekte sind nicht schneller durchgeführt als solche auf Papier, sondern erfordern viel Durchhaltevermögen und technisches Interesse.

2. *Sich auf eine Plattform beschränken*
   Auch wenn einzelne Schülerinnen und Schüler schon Erfahrungen mit Blog-Plattformen gemacht haben: Sinnvoll ist es, eine kurze technische Einfüh-

rung oder eine entsprechende Anleitung auf eine vorgegebene Plattform –
z. B. Wordpress, Blogger, Tumblr – zu beschränken.

3. *Learning by Lurking und Learning by Doing*
Wie im Abschnitt »Wie lernt man Social Media« angegeben, sollten Schülerinnen und Schüler Fähigkeiten aus Beobachtungen und eigenen Erfahrungen ableiten. Es gibt unzählige Blogs, an denen man sich orientieren kann.
Das Projekt sollte also ohne eine umfassende Einführung beginnen, auch
wenn es sinnvoll ist, erste Schritte verständlich zu vermitteln.

4. *Individuelles Coaching*
Bei ihrer Arbeit sind die Schülerinnen und Schüler sowohl im Unterricht als
auch zu Hause auf Coaching angewiesen. Es sollte von Anfang an klar sein,
wie und wo sie Hilfe und Begleitung beziehen können.

5. *Anonymität und private Blogs erlauben*
Die Öffentlichkeit von Blogs darf als Angebot im Unterricht angepriesen werden, obligatorisch sollte sie nicht sein. Gerade Lernende der deutschen Sprache
könnten sich schämen, vor Publikum zu schreiben. Zudem bleiben schulische
Inhalte, zu denen volle Namen genannt werden, bisweilen Jahre oder Jahrzehnte im Internet bestehen. Oft geht auch vergessen, wie sie wieder gelöscht
werden können. Deshalb muss es möglich sein, Pseudonyme zu verwenden.

6. *Verhaltensregeln abmachen*
Wenn Schülerinnen und Schüler öffentlich und anonym im Internet agieren, müssen sie sich bewusst sein, welche Regeln für das Verhalten im Internet gelten. Die Grenzen zwischen Kritik und Mobbing sollen allen klar sein.

7. *Eine geeignete Fragestellung finden*
Die Möglichkeiten digitaler Publikationen (Links setzen, Kommentare erhalten, verschiedene Medienformen, dynamische Texte, die immer wieder über-
arbeitet werden können) sollten dabei helfen, eine Fragestellung zu bearbeiten. Zudem sollten die Themen hinreichend offen sein für individuelle Arbeit.
Hier einige Beispiele:
a) Ich stelle meine Interessen vor
b) Songtexte und Musikvideos interpretieren.
c) Sehenswürdigkeiten in verschiedenen Ländern vorstellen
d) Lektürejournal in Blogform
e) TIL (»today I learned«, eine Formulierung, die auf dem sozialen Netzwerk Reddit häufig Verwendung findet)
f) Leben und Schaffen der Person X

8. *Blogposts auch in der Freizeit schreiben lassen*
Der Druck, zu einer bestimmten Zeit schreiben zu müssen, kann lähmend
sein. Der Auftrag, jede Woche einen Beitrag zu verfassen, hat sich bewährt.

Er ermöglicht den Schülerinnen und Schülern die freie Wahl des Schreib-moments, zwingt sie aber dazu, regelmäßig am Blog zu arbeiten.

9. *Zur Lektüre und zum Kommentieren ermuntern*
Die Klasse soll die Blogs ihrer Mitglieder begleiten, sie lesen, diskutieren und kommentieren. Wichtig ist auch das Gespräch im Unterricht über die Erfahrung beim Bloggen.

10. *Klare Bewertungsraster vereinbaren*
Es sollte für Schülerinnen und Schüler nachvollziehbar sein, wie ihre Arbeit bewertet wird. Sie sollten auch die Möglichkeit haben, sich selber einzu-schätzen und ihre Arbeit zu kommentieren. Nicht alles, was auf einem Blog geschieht, sollte bewertet werden, Gewichtungen und Selektion durch Ler-nende vor der Bewertung sind ein sinnvolles Mittel, um kreative Prozesse zu fördern.

11. *Regelmäßig mitlesen*
Lehrpersonen müssen verfolgen, was auf den Blogs abläuft. Am einfachsten ist das über *RSS-Feeds* möglich.

Unterrichtseinheit: Wikis

Für den Einsatz von Wikis gilt vieles, was zu Blogs schon gesagt worden ist. Des-halb ergibt sich hier eine gewisse Redundanz.

Wikis sind stärker als Blogs auf die Wiedergabe von Quellen bezogen, es geht nicht um kreative Prozesse, sondern um das Abbilden der Zusammenhänge von Tatsachen, die mit Literaturverweisen belegt werden müssen. Wikis eigenen sich deshalb besonders dafür, um die Arbeit mit Texten und die Verarbeitung von Infor-mationen zu üben und um Wissen in Form eines Netzwerks darzustellen.

1. *Thema sinnvoll aufteilen*
Wikis bieten sich z. B. im Geschichtsunterricht für recht umfassende Themen-bereiche an, in denen viele Verlinkungen möglich sind. Gute Ausgangslagen sind solche, bei denen Gruppen unabhängig voneinander mit der Arbeit begin-nen können und in ihrem Verlauf immer mehr Überschneidungen entstehen.

2. *Learning by Lurking und Learning by Doing*
Wie im Abschnitt »Wie lernt man Social Media« angegeben, sollten Schü-lerinnen und Schüler Fähigkeiten aus Beobachtungen und eigenen Erfah-rungen ableiten. Es gibt viele Wikis, an denen man sich orientieren kann. Ein zu starker Fokus auf das riesige Projekt Wikipedia sollte aber vermieden werden. Das Projekt sollte also ohne eine umfassende Einführung beginnen, auch wenn es sinnvoll ist, erste Schritte verständlich zu vermitteln.

3. *Individuelles Coaching*

   Bei ihrer Arbeit sind die Schülerinnen und Schüler sowohl im Unterricht als auch zu Hause auf Coaching angewiesen. Es sollte von Anfang an klar sein, wie und wo sie Hilfe und Begleitung beziehen können.

4. *Entstehung des Wikis regelmäßig besprechen*

   Wie bei den Blogarbeiten ist Coaching wichtig. Aber erst der Austausch im Plenum stellt sicher, dass die Klasse an einem Gesamtprojekt arbeitet und Erfahrungen austauscht.

5. *Verhaltensregeln abmachen*

   Wenn Schülerinnen und Schüler öffentlich und anonym im Internet agieren, müssen sie sich bewusst sein, welche Regeln für das Verhalten im Internet gelten. Die Grenzen zwischen Kritik und Mobbing sollen allen klar sein.

6. *Nicht nur schreiben, auch lesen lassen*

   Das Wiki selbst sollte von der Klasse benutzt werden, damit deutlich wird, wo es Lücken gibt, welche Texte verständlich sind und welche nicht. So kann eine Feedbackkultur bei der Arbeit selbst entwickelt werden.

7. *Klare Bewertungsraster vereinbaren*

   Es sollte für Schülerinnen und Schüler nachvollziehbar sein, wie ihre Arbeit bewertet wird. Sie sollten auch die Möglichkeit haben, sich selber einzuschätzen und ihre Arbeit zu kommentieren. Nicht alles, was auf einem Wiki geschieht, sollte bewertet werden, Gewichtungen und Selektion durch Lernende vor der Bewertung sind ein sinnvolles Mittel, um eine gerechte Bewertung zu ermöglichen.

Unterrichtseinheit: »Schreiben unter Strom«

Stephan Porombka (2012) hat ein Buch über das literarische Experimentieren mit sozialen Netzwerken geschrieben. Die Möglichkeiten von Social Media sollen zweckentfremdet werden, um avantgardistische Literatur zu schaffen, die den Kulturwandel nicht ablehnt, sondern künstlerisch nutzt und mitgestaltet. Den Wandel für »produktive Schübe« nutzen: Das nennt Porombka »Schreiben unter Strom« (2012, S. 11ff.).

Sein Buch enthält eine Reihe konkreter Anleitungen, die hier nur auf einige ausgewählte Anregungen und Hinweise verdichtet werden. Für größere Schreibprojekte mit Social Media ist das Buch von Porombka eine sinnvolle Einstiegslektüre.

1. *Beschränkungen kreativ nutzen*

   Postkarten haben Schreiberinnen und Schreiber dazu angeregt, mit der Platzbeschränkung kreativ umzugehen. Ähnliches gilt für soziale Netzwerke:

Twitter erlaubt beispielsweise Botschaften von 140 Zeichen, Facebook blendet bei zu langen Statusnachrichten Teile aus.

Es ist reizvoll, mit diesen Mitteln z. B. eine Geschichte zu schreiben, etwas nachzuerzählen oder zu dichten. Es kann auch sinnvoll sein, Kernsätze aus dem Fachunterricht in einem Twitterprotokoll festzuhalten. In den USA verwenden Kindergartenklassen Twitter, um für Eltern und Angehörige jeden Tag in einem Satz aufzuschreiben, was die Gruppe gemacht hat.

2. *Zufallsmomente nutzen*
Interaktionen auf Social Media und Internetkommunikation ermöglichen das zufällige Finden von Wort- und Bildmaterial. Diese Funktionen bieten viel kreatives Potenzial.

3. *Remix*
Die Kunst von Social Media ist nicht das Schaffen neuer Inhalte, sondern das Kombinieren bereits bestehender. Dazu gehört z. B. die Aufgabe, bestehende Texte neu zu schreiben mit den Mitteln von Social Media, aus Social Media-Nachrichten ein Gedicht zu bauen oder aus Pinterest-Bildern ein Kunstwerk zu erstellen.

4. *Kooperatives Schreiben*
Social Media bieten einfache technische Mittel, um als Gruppe ein Kunstwerk zu gestalten. Die einfachste Vorstellung ist die Erzählung, zu der alle einen Satz beisteuern. Davon ausgehend können aber komplexere Projekte entwickelt werden, die multimediale Inhalte entstehen lassen und verschiedene Ebenen und Netzwerke aufeinander beziehen.

5. *Rollen einnehmen*
Dazu passt z. B. die Vorstellung, die Figuren eines Romans zu verkörpern und in ihrer Rolle zu twittern. Diese Vorgabe kann erweitert werden, indem man soziale Netzwerke mit gänzlich fiktionalen Figuren bevölkert und ihre Leben erfindet, sie miteinander interagieren lässt und so der Vorstellung nachgeht, was ein erfülltes (digitales) Leben eigentlich ist.

6. *Hyperlinks*
Texte mit Links, so genannte Hypertexte, sind die älteste Form des digitalen Schreibens. Sie ermöglichen den Bruch mit der Linearität, verweben mehrere Ebenen und setzen überraschende Bezüge.

Unterrichtseinheit: Creative Commons

Die hier skizzierte Unterrichtseinheit über Creative Commons-Lizenzierung würde idealerweise im Rechtsunterricht stattfinden, aber auch der Kunst- oder Literaturunterricht bietet die Möglichkeit einer Einbettung. So thematisiert der Deutsch-

lehrer Torsten Larbig in einer Unterrichtseinheit zu Kafkas »Das Urteil« (2012)
im Rahmen eines »medienpädagogischen Intermezzos« die Frage, wie Quellen
anzugeben sind und mit Material, das im Internet scheinbar »frei« verfügbar ist,
umgegangen werden soll:

> Ich nutze die Ausgabe solcher freien Materialien, die im Internet legal
> kostenfrei verfügbar sind, um über freie Materialien mit den Jugendlichen
> ins Gespräch zu kommen und ihnen das Lizenzmodell der CreativeCom-
> mons-Bewegung zu erläutern. Dabei gehe ich dann auch auf die Frage
> ein, dass in den meisten Fällen von Schülerinnen und Schüler sowie von
> Lehrerinnen und Lehrer Material von z. B. Wikipedia fälschlicher Weise
> ohne Lizenzangabe verwendet wird. Ich erkläre, wie man sich über die
> Exportfunktion auf Wikipedia schnell die korrekte Lizenzangabe mit
> dem dazu gehörenden Text erstellen lassen kann, sodass zukünftig kor-
> rekte und vollständige Literaturangaben bei nicht nur in kleinen Teilen
> zitierten Texten möglich sind – und dann von mir auch (notenrelevant)
> erwartet werden.

Der Plan dieser Unterrichtseinheit sieht einen zweiteiligen Einstieg vor, bei dem
z. B. in Gruppenarbeit drei unterschiedliche Fragestellungen (1.–3.) erarbeitet wer-
den, die Erkenntnisse dann in einer abschließenden Sequenz (4.) zusammenge-
führt werden.

1. *Was sind Commons bzw. Gemeingüter?*
   Diese Fragestellung kann anhand von Auszügen aus dem ausgezeichneten
   Gemeingüter-Report der Heinrich-Böll-Stiftung (Helfrich, Kuhlen, Sachs
   und Siefkes, o. J., als pdf kostenlos verfügbar) bearbeitet werden, z. B. mit
   dem Liegestuhl-Beispiel von Heinrich Popitz (S. 6) oder den einfachen Über-
   sichtsgrafiken mit Erläuterung.
   Die Aufgabe für die Schülerinnen und Schüler besteht darin, die Idee der
   Gemeingüter sowie den Zusammenhang von Ressourcen, Communities und
   Regeln zu erklären und an Beispielen zu veranschaulichen.
2. *Urheberrecht*
   Am Beispiel der Fotografie kann gut erläutert werden, aus welchen Komponenten das Urheberrecht besteht: Urheberrecht der Fotografin oder des
   Fotografen und Recht am eigenen Bild. Eine Internetrecherche kann helfen,
   die strittigen Punkte herauszuarbeiten, insbesondere die Frage, was mit dem
   Urheberrecht genau geschützt wird und ob Menschen teilweise automatisch
   auf das Recht am eigenen Bild verzichten.

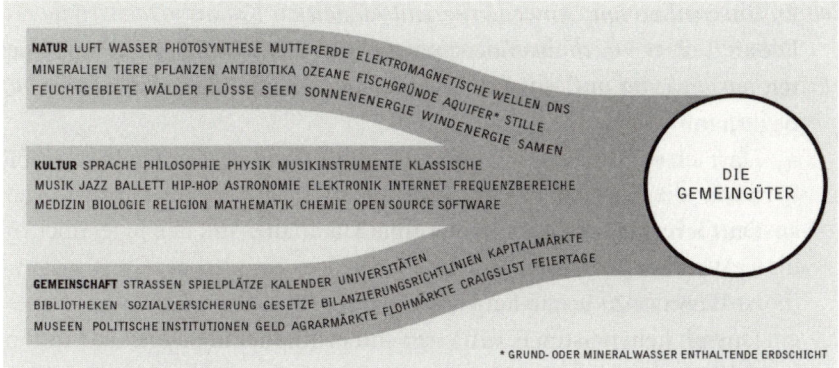

Abb. 8: Commons: Übersicht. CC BY-SA, Helfrich et al. (o. J., S. 9).

Angewendet werden kann diese Ausgangslage dann auf eine Infografik von Martin Mißfeldt, in der das Vorgehen bei der Verwendung von Bildern diskutiert wird.

Abb. 9: Bilder Nutzung im Internet, CC BY-SA, Martin Mißfeldt

3. *Creative Commons als System.*
   Anhand der CC-Infografik von Mißfeldt und den Erläuterungen auf seinem Blog, der auch auf den erklärenden Text von Creative Commons verweist und die Symbole sauber erklärt, sollen die Schülerinnen und Schüler darlegen, welche Möglichkeiten Creative Commons bieten.
   Zur Vertiefung wäre die Überlegung sinnvoll, ob NC und ND überhaupt verwendet werden sollen. Bedenkenswerte Gedanken finden sich in Klimpel (2012).

4. *Zusammenführung, Anwendung und Ausblick*
Dieser Teil, bei dem die Erkenntnisse und das Wissen der Gruppenarbeiten ausgewertet und angewendet werden sollen, könnte mit einem Quiz beginnen:
– Darf ich ein Bild, das ich mit der Google-Suche gefunden habe, auf Facebook veröffentlichen?
– Darf ich einen Ausschnitt aus einem Text zitieren?
    a) Wenn er 20 Wörter lang ist?
    b) Wenn er 20 Seiten lang ist?
– Dürfen Lehrpersonen aus Lehrmitteln Kapitel kopieren und mit ihren Schülerinnen und Schülern bearbeiten? Spielt es dabei eine Rolle, ob sie eine digitale oder eine analoge Kopie benutzen?
– Was würde es bedeuten, wenn Lady Gaga ein Album mit Creative Commons-Lizenz veröffentlichen würde?
– Wenn eine Schülerin oder ein Schüler mit dem Smartphone ein Foto macht – hat sie oder er dann das Urheberrecht daran?
– Ist es illegal, einen Film oder ein Ebook gratis aus dem Internet runterzuladen?

Dann könnten Fragen diskutiert werden, welche die heutige rechtliche Praxis in den jeweiligen Ländern betreffen, den Umgang mit Urheberrechten in der Schule, die Publikation von Bildern und Texten im Internet und die Bedeutung von Quellenangaben. Diese Fragestellungen werden hier nicht genauer entwickelt, sie dürften sich aus dem Unterrichtskontext ergeben.

5. *Ausweitung: Rollenspiel*
Darüber hinausgehend wäre es möglich, in einem Rollenspiel ein ideales Urheberrecht zu entwickeln. Die Schülerinnen und Schüler vertreten jeweils eine Gruppe von Interessierten, z. B.:
– erfolgreiche Urheberinnen und Urheber, die von ihren Einnahmen leben
– Urheberinnen und Urheber, die wenig oder keine Einnahmen erzielen
– Konsumentinnen und Konsumenten von Inhalten
– Internetnutzer, die häufig Inhalte runterladen (legal oder illegal)
– Politikerinnen und Politiker, die versuchen, eine möglichst hohe Lebensqualität und Rechtssicherheit herzustellen

In Gruppen könnten dann grundsätzliche Regelungen festgelegt und verabschiedet werden – oder Differenzen beobachtet werden, die sich nicht lösen lassen.

Literatur

Anderson, J. Q.; Rainie, L. (2012). Millennials will benefit and suffer due to their hyperconnected lives. Washington D.C.: Pew Reseach Center.

Aßmann, S.; Herzig, B. (2009). Verortungsprobleme von Schule in einer Netzwerkgesellschaft. In: Böhme, J. (Hrsg.) Schularchitektur im interdisziplinären Diskurs. Territorialisierungskrise und Gestaltungsperspektiven des schulischen Bildungsraums (S. 58–69). Wiesbaden, VS Verlag für Sozialwissenschaften.

Baecker, D. (2012). Das unsichtbare Internet. In: M. J. Eumann, T. Rößner, M. Stadelmaier (Hrsg.), Forum Internet/Kommunikationsraum Internet. Oberhausen: Klartext Verlag. i. Vorb. Zugriff am 29.12.2012 unter http://www.dirkbaecker.com/UnsichtbaresInternet.pdf.

Barseghian, T. (2012). Amidst a Mobile Revolution in Schools, Will Old Teaching Tactics Work? Zugriff am 20.4.2012 unter http://blogs.kqed.org/mindshift/2012/03/amidst-a-mobile-revolution-in-schools-will-old-teaching-tactics-prevail/

Bauer, D. (2010). Kurzbefehl. Ein Kompass für das digitale Leben. Zürich: Echtzeit Verlag. Zugriff am 19.5.2012 unter http://www.kurzbefehl.ch/was-weiss-facebook-uber-uns.

Bauer, D. (2011). Jammerst du noch oder kuratierst du schon? Zugriff am 15.3.2012 unter http://blogs.tageswoche.ch/de/blogs/pageimpression/111477/jammerst-du-noch-oder-kuratierst-du-schon.html.

Bauer, D. (2012). Als Journalist programmieren lernen – eine Bilanz (und vielleicht eine Anleitung). Zugriff am 3.1.2013 unter http://www.davidbauer.ch/2012/12/28/als-journalist-programmieren-lernen-bilanz-und-anleitung/

Bergmann, J.; Plieninger, J. (2012). Arbeitsorganisation 2.0. Tools für den Arbeitsalltag in Kultur- und Bildungseinrichtungen. Berlin: de Gruyter.

Bernard, A. (2012). Die Königin der Wissenschaften. Zugriff am 22.12.2012 unter http://sz-magazin.sueddeutsche.de/texte/anzeigen/38063/1/1

Binswanger, M. (2011). »Gegen das Internet hat die Justiz keine Chance«. Zugriff am 19.12.2012 unter http://www.tagesanzeiger.ch/kultur/diverses/Gegen-das-Internet-hat-die-Justiz-keine-Chance/story/25539199.

Blumenkranz, C. et al. (2010). Internet as Social Movement. A brief history of webism. In: n+1 9 (2010). Zugriff am 5.12.2012 unter http://nplusonemag.com/internet-as-social-movement

Böhme, J. (Hrsg.) (2009). Schularchitektur im interdisziplinären Diskurs. Territorialisierungskrise und Gestaltungsperspektiven des schulischen Bildungsraums. Wiesbaden, VS Verlag für Sozialwissenschaften.

Boyd, D. (2008). Understanding Socio-Technical Phenomena in a Web 2.0 Era. Zugriff am 19.4.2012 unter http://www.danah.org/papers/talks/MSR-NE-2008.html.

Boyd, D.; Marwick; A. (2011). Social Privacy in Networked Publics: Teens' Attitudes, Practices, and Strategies. Zugriff am 5.10.2012 unter http://www.Danah.org/papers/2011/ SocialPrivacyPLSC-Draft.pdf

Brecht, B. (1932). Der Rundfunk als Kommunikationsapparat. In: Gesammelte Werke, Bd. 18 (S. 127–134). Frankfurt/M.: Suhrkamp.

Bretschneider, M; Muuß-Meerholz, J.; Schaumburg, F. (2012). Open Educational Resources (OER) für Schulen in Deutschland. Whitepaper zu Grundlagen, Akteuren und Entwicklungsstand im März 2012. Zugriff am 10.12.2012 unter http://goo.gl/14Ikv

Bunz, M. (2012). Die stille Revolution. Frankfurt/M.: Suhrkamp.

Carrick-Davies, S. (2012). Has blocking mobiles in schools had its day? Zugriff am 20.11.2012 unter http://www.guardian.co.uk/teacher-network/teacher-blog/2012/nov/19/restrictions-mobiles-social-media-schools-rethink

Czerski, P. (2012). Wir, die Netz-Kinder. Übers. von P. Beutsch und A. Rudolph. Zugriff am 14.12.2012 unter http://www.zeit.de/digital/internet/2012-02/wir-die-netz-kinder

Deeg, C. (2013). Lasset die Kunden zu mir kommen – wie Bibliotheken mit eBooks und dem mobilen Internet arbeiten können bzw. sollten Zugriff am 9.1.2013 unter https://crocksberlin. wordpress.com/2013/01/05/lasset-die-kunden-zu-mir-kommen-wie-bibliotheken-mit-ebooks-und-dem-mobilen-internet-arbeiten-konnen-bzw-sollten/

Diderot, D. (1755/1987). Enzyklopaedia. In: K. M. Baker (Hrsg.), University of Chicago Readings in Western Civilisation, Bd. 7, The Old Regime and the French Revolution (S. 71–89). Chicago: University of Chicago Press.

Drösser, C. (2011).»Mach mal Pause!«. Interview mit Sherry Turkle. Zugriff am 4.5.2012 unter http://www.zeit.de/2011/09/Interview-Sherry-Turkle

Dunbar, R. (1998). Grooming, Gossip, and the Evolution of Language. Cambridge MA: Harvard University Press.

Endert, J. (2012). Ist das Internet zu kompliziert? Zugriff am 1.6.2012 unter http://blog.zdf.de/ hyperland/2012/05/pro-amp-contra-ist-das-internet-zu-kompliziert/

Enzensberger, H. M. (1970). Baukasten zu einer Theorie der Medien. Kursbuch 20 (5), 159–186.

Fischer, K.; Haerder, M. (2012). Neue digitale Dimension: Auch Lehrer müssen dazulernen. Zugriff am 10.6.2012 unter http://www.karriere.de/beruf/neue-digitale-dimension-auch-lehrer-mu-essen-dazulernen-164586/

Floridi, L. (2006). Peering into the Future oft the Infosphere. Zugriff am 10.12.2012 unter http:// tidbits.com/article/8686

Fontana, G. (2012). How To Kill Dualism Without Erasing Differences. Zugriff am 19.12.2012 unter http://thesocietypages.org/cyborgology/2012/09/16/how-to-kill-digital-dualism-without-erasing-differences/

Frau Ella (2012). Frau Ella wird Lehrerin. Zugriff am 22.12.2012 unter http://frauella.wordpress.com/

Freies Abiprojekt Methodos (2012). Webseite. Zugriff am 16.12.2012 unter http://methodos-ev.org

Gehrke, C. (2012). Lehrer in Online-Netzken.»Facebook nimmt mir Arbeit ab«. Zugriff am 3.6.2012 unter https://www.taz.de/Lehrer-in-Online-Netzwerken/!93443/

Giesecke, M. (2007). Die Entdeckung der kommunikativen Welt. Studien zur vergleichenden Mediengeschichte. Frankfurt/M.: Suhrkamp.

Gillmor, D. (2010). Mediactive. Zugriff am 23.11.2012 unter http://mediactive.com/wp-content/ uploads/2010/12/mediactive_gillmor.pdf

Goffman, E. (1963/1966). Behavior in Public Places. Notes on the Social Organization of Gatherings. New York: Simon and Schuster.

Göring-Eckhardt (2012). Am Medienpranger. Gespräch mit Frank Schirrmacher und Giovanni di Lorenzo. Zugriff am 21.6.2012 unter http://www.zeit.de/2012/22/DOS-Interview-Schirrmacher

Haeusler J.; Haeusler, T. (2012). Netzgemüse. Aufzucht und Pflege der Generation Internet. Berlin: Goldmann.

Hansen, H.:»Girls Around Me« und wie die Privatsphärendebatte weitergehen muss. Zugriff am 18.8.2012 unter http://maedchenmannschaft.net/girls-around-me-und-wie-die-privatsphae-redebatte-weitergehen-muss/

Haupt, J. (2012). Welt Kompakt: »Tweet des Tages« mit zweifelhaftem Comeback. Zugriff am
     19.12.2012 unter http://t3n.de/news/welt-kompakt-tweets-tages-373648/
Helene-Lange-Schule (2007). Dokumentation zum Deutschen Schulpreis. Zugriff am 15.12.2012
     unter   http://schulpreis.bosch-stiftung.de/content/language1/downloads/Helene_Lange_
     Schule_-_Schulleben.pdf.
Helfrich, S.; Kuhlen, R.; Sachs, W.; Siefkes, C. (o. J.): Gemeingüter – Wohlstand durch Teilen. Ber-
     lin: Heinrich-Böll-Stiftung.
Heller, C. (2011). Post-Privacy. Prima leben ohne Privatsphäre. München: C.H. Beck.
Heller, C. (2012). PlomWiki. Zugriff am 5.12.2012 unter http://www.plomlompom.de/PlomWiki/
Hug, T. (2012). Kritische Erwägungen zur Medialisierung des Wissens im digitalen Zeitalter. In:
     B. Kossek, M. F. Peschl (Hrsg.). Digital Turn? Zum Einfluss digitaler Medien auf Wissensge-
     nerierungsprozesse von Studierenden und Hochschullehrenden (S. 23–46). Göttingen: Van-
     denhoeck & Ruprecht.
Ito, M. (2009). Hanging Out, Messing Around, and Geeking Out: Kids Living and Learning With
     New Media. Cambridge MA: MIT Press.
Jörissen, B. (2012). Medienbildung und das Social Web: Rahmenbedingungen zukunftsoffener
     Medienbildungsarbeit unter Bedingungen vernetzer Sozialität. In: I. Stapf; A. Lauber; B. Fuhs;
     R. Rosenstock (Hrsg.), Kinder im Social Web. Qualität in der KinderMedienKulutr. (S. 53–69).
     Baden-Baden: Nomos.
Jurgenson, N.; Boessel, W. E. (2012). Social versus social. Zugriff am 15.11.2012 unter http://theso-
     cietypages.org/cyborgology/2012/11/01/social-versus-social/
Jurgenson, N. (2009).Towards Theorizing an Augmented Reality. Zugriff am 15.11.2012 unter
     http://thesocietypages.org/sociologylens/2009/10/05/towards-theorizing-an-augmented-rea-
     lity/ (Übersetzung phw)
Kappes, C. (2012a). Eintrag auf Google+ vom 5.7.2012. Zugriff am 6.7.2012 unter http://bit.ly/
     kappessocial
Kappes, C. (2012b). Menschen, Medien und Maschinen. Merkur 754 (66), 256–264. Zugriff am
     30.11.2012 unter http://christophkappes.de/wp-content/uploads/downloads/2012/06/TZD_
     Kappes-Christoph_-Filter-Bubble.pdf
Klinger, C. (2012). Kommentar vom 13. November 2012, Zugriff am 14.12.2012 unter phwa.ch/
     PopcornKlinger.
Klimpel, P. (2012). Freies Wissen dank Creative-Commons-Lizenzen. Folgen, Risiken und Neben-
     wirkungen der Bedingung »nicht-kommerziell – NC«. Zugriff am 3.1.2013 unter http://wiki-
     media.de/images/a/a2/IRights_CC-NC_Leitfaden_web.pdf
Koch, C. (o. J.). Was ich lese. Zugriff am 10.11.2012 unter http://www.christoph-koch.net/category/
     was-ich-lese/
Kranzberg, M. (1986). Technology and History: ›Kranzberg's Laws‹. Technology and Culture. 27
     (3), 544–560.
Kuhn, J. (2010). Internet, Ort der Einsamkeit. Interview mit William Deresiewicz. Zugriff am
     10.7.2012 unter http://www.sueddeutsche.de/digital/1.79231
Kuhn, J. (2012). »Wir erleben eine Neuverteilung der Aufmerksamkeit«. Interview mit Henry Jen-
     kins. Zugriff am 10.11.2012 unter http://www.sueddeutsche.de/digital/ 1.1401218
Lammert, C. (2012a). Tweet vom 30. November 2012. Zugriff am 5.12.2012 unter http://twitter.com/
     lammatini/status/274456261423149056
Lammert, C. (2012b). Unterrichtsgespräch 2.0. Zugriff am 17.8.2012 unter http://mutigeschule.
     wordpress.com/2012/07/17/unterrichtsgesprach-2-0/
Lanier, J. (2010). Gadget. Warum die Zukunft uns noch braucht. Übers. von M. Bischoff. Frank-
     furt/M.: Suhrkamp.
Larbig, T. (2012): Franz Kafka: Das Urteil. Ein Unterrichtsmodell. Zugriff am 15.12.2012 unter

http://herrlarbig.de/2012/03/21/franz-kafka-das-urteil-ein-unterrichtsmodell-einfuhrung-und-lekture-des-gemeinfreien-textes/

Latour, B. (2010). Ein Versuch, das ›kompositionistische Manifest‹ zu schreiben. MünchnerUni Magazin 2 (2010), 10–12. Zugriff am 15.9.2012 unter http://bit.ly/LatourKomponieren

Leiner, D. J. (2012). »Der Nutzen sozialer Online-Netzwerke«. In: U. Dittler; M. Hoyer (Hrsg.), Aufwachsen in sozialen Netzwerken. Chancen und Gefahren von Netzgemeinschaften aus medienpsychologischer und medienpädagogischer Sicht. (S. 111–128). München: kopaed.

Lindner, M. (2012). Exposé zu »Bildung für alle«. Zugriff am 18.12.2012 unter https://docs.google.com/document/d/1SPjS1Qf9_WOpKqYXVC4cVil0FlFW16BhJQuBkhExIM4/edit

Lindner, M.; Berger, L. (2012). Sieben »Ottobrunner Forderungen« zum digitalen Lernen. Zugriff am 5.8.2012 unter http://digilern.wissmuth.net/2012/03/die-ottobrunner-forderungen-zum-digitalen-lernen/

Lobo, S. (2012). Die Trennung von Amt und Meinung. Zugriff am 15.12.2012 unter http://www.spiegel.de/netzwelt/web/a-864201.html

Lossau, N. (2013). Digitale Demenz? Von wegen! Zugriff am 2.1.2013 unter http://www.welt.de/gesundheit/article112361058/Digitale-Demenz-Von-wegen.html.

Lovink, G.(2011). Networks Without a Cause. A Critique of Social Media. Cambridge UK: Polity Press.

Luhmann, N. (1996). Die Realität der Massenmedien. (2. Auflage.) Opladen: Westdeutscher Verlag.

Lumma, N. (2012). Kommunikation der Zukunft. Fünf Faktoren und drei Schlussfolgerungen. Vortrag 30.11.2012 beim Vorwärts Medienkongress Kommunikation der Zukunft in Frankfurt. Zugriff am 2.12.2012 unter http://lumma.de/2012/12/01/kommunikation-der-zukunft-funf-faktoren-und-drei-schlussfolgerungen/

Luther, M. (1545/1984). Die Bibel. Zugriff am 19.12.2012 unter http://www.die-bibel.de/online-bibeln/luther-bibel-1984/bibeltext/

Madrigal, A. C. (2012). Dark Social: We Have the Whole History of the Web Wrong. Zugriff am 20.11.2012 unter http://www.theatlantic.com/technology/archive/2012/10/dark-social-we-have-the-whole-history-of-the-web-wrong/263523/

Meckel, M. (2008). Aus Vielen wird das Eins gefunden – wie Web 2.0 unsere Kommunikation verändert. Aus Politik und Zeitgeschichte 38 (2008), 17–23. Zugriff am 15.10.2012 unter www.bpb.de/apuz/30964/aus-vielen-wird-das-eins-gefunden-wie-web-2-0-unsere-kommunikation-veraendert

Medienpädagogischer Forschungsverbund Südwest (2012). JIM-Studie 2012. Basisuntersuchung zum Medienumgang 12–19-Jähriger. Zugriff am 1.12.2012 unter http://www.mpfs.de/?id=527

Merz, T.; Moser, H. (2007). Expertise Medien und ICT. Zugriff am 15.12.2012 unter http://schulesocialmedia.files.wordpress.com/2012/06/09_expertise_medien_ict.pdf

Metz, B. (2012). Anonyme Lehrer. Wir bloggen, wie es uns gefällt. Zugriff am 23.11.2012 unter http://www.lehrerfreund.de/schule/1s/lehrerblog-anonym/4263

Miller, D. (2011/2012). Das wilde Netzwerk. Ein ethnologischer Blick auf Facebook. Übers. von F. Jakubzik. Frankfurt/M.: Suhrkamp.

More Intelligent Life (2012). David Foster Wallace in His Own Words. Zugriff am 10.12.2012 unter http://moreintelligentlife.com/story/david-foster-wallace-in-his-own-words

Müller, M. (2012). Die Parallelwelt der »Digital Natives«. Zugriff am 10.10.2012 unter http://www.nzz.ch/aktuell/wirtschaft/uebersicht/1.14864718

Münker, S. (2012). Die Emergenz digitaler Öffentlichkeiten. Die sozialen Medien im Web 2.0. Frankfurt/M.: Suhrkamp.

Muuß-Meerholz, J. (2012a). Schule und Web 2.0 – Wie Social Media die schulische Kommunikation durcheinanderwirbelt. In: J. Schütte, G. Regenthal: Handbuch »Öffentlichkeitsarbeit macht Schule«. Zugriff am 10.12.2012 unter http://www.joeran.de/dox/Joeran-Muuss-Merholz-Schule-und-Web-2.0-Wie-Social-Media-die-schulische-Kommunikation-durcheinanderwirbelt.pdf

Muuß-Meerholz, J. (2012b). Kontrollverlust für die Schule. c't extra Soziale Netze 2 (2012) 32–36.

Nicolussi, R. (2012). Mit Cybermobbing auf Spendensuche. Zugriff am 5.12.2012 unter http://www.nzz.ch/aktuell/schweiz/1.17707359

Nielsen, J. (2006). Participation Inequality: Encouraging More Users to Contribute. Zugriff am 17.12.2012 unter http://www.useit.com/alertbox/participation_inequality.html

Pariser, E. (2011/2012). Filter Bubble. Wie wir im Internet entmündigt werden. Übers. von U. Held. München: Hanser.

Passig, K.; Lobo, S. (2012). Internet. Segen oder Fluch. Berlin: Rowolth.

Perren, S.; Sticca, F.; Alsaker, F. (2011). NETTEEN. »Wie nett sind Teenager im Internet«. Ergebnisse der ersten Befragungswelle. Zugriff am 20.11.2012 unter http://www.jugendundmedien.ch/fileadmin/user_upload/Chancen_und_Gefahren/Bericht_NETTEEN_Umfrage_2011.pdf

Petko, D. (2012). Schule in der Informationsgesellschaft. Zugriff am 13.12.2012 unter http://www.schuleinderinformationsgesellschaft.ch/

Pfister, A.; Weber P. (2012a). Keine federleichte neue Medienwelt. Zugriff am 10.10.2012 unter http://www.nzz.ch/aktuell/feuilleton/uebersicht/1.17561009

Pfister, A.; Weber P. (2012b). SurveyMonkey-Umfange. Nichtpubliziert, private Kopie.

Philipps, L.F.; Baird, D.;Fogg, B. (2011). Facebook for Educators. Zugriff am 10.12.2012 unter www.facebook.com/safety/attachment/Facebook for Educators.pdf

Porombka, S. (2012). Schreiben unter Strom. Experimentieren mit Twitter, Blogs, Facebook & Co. Mannheim u. Zürich: Dudenverlag.

Pschera, A. (2011). 800 Millionen. Apologie der sozialen Medien. Berlin: Matthes & Seitz.

Rancière, J. (1987/2007). Der unwissende Lehrmeister – Fünf Lektionen über die intellektuelle Emanzipation. Übers. von R. Steurer. Wien: Passagen Verlag.

Raunig, G.; Stalder, F. (2012). Tot war der Autor nie. Zugriff am 20.8.2012 unter. http://www.zeit.de/2012/21/Replik-Urheberrecht/komplettansicht

Rheingold, H. (2012). Net Smart. How to Thrive Online. Cambridge MA u. London: MIT Press.

Richtel, M. (2011). A Silicon Valley School That Doesn't Compute. Zugriff am 20.12.2012 unter http://www.nytimes.com/2011/10/23/technology/at-waldorf-school-in-silicon-valley-tech-nology-can-wait.html

Robbins, M. (2012). The elusive hypothesis of Baroness Greenfield. Zugriff am 23.6.2012 unter http://www.guardian.co.uk/science/the-lay-scientist/2012/feb/27/1

Rocco, S. (2012). The Taxonomy of Social Media. Zugriff am 17.12.2012 unter http://www.edsocialmedia.com/2012/12/the-taxonomy-of-social-media/

Rohs, M. (2013). Das Social Web und (schulische) Bildung. Zugriff am 2.1.2013 unter http://www.digital-lernen.de/no_cache/nachrichten/diverses/artikel/gastbeitrag-das-social-web-und-schulische-bildung.html

Rosa, L. (2012a). Lernen 2.0: Didaktik der Autodidaktik. Zugriff am 15.12.2012 unter http://shiftingschool.wordpress.com/2012/11/28/lernen-2-0-didaktik-der-autodidaktik/.

Rosa, L. (2012b). Lernen 2.0 – Projektlernen mit Lehrenden im Zeitalter von Social Media. Zugriff am 16.12.2012 unter http://projektlernen20.files.wordpress.com/2012/08/lernen20_projektlernenmitlehrendenimdigitalenzeitalter.pdf

Ruf, U.; Gallin, P. (2005/2011). Dialogisches Lernen in Sprache und Mathematik, Band 1: Austausch unter Ungleichen, 4. Auflage Seelze: Kallmeyer.

Ruf, U.; Gallin, P. (o.J.). Prämissen. Zugriff am 20.12.2012 unter http://www.lerndialog.uzh.ch/model/premise.html

Sax, L. (2011). Girls on the Edge: The Four Factors Driving the New Crisis for Girls. New York: Basic Books.

Schäfer, B. (2012). Gelebte Wissenschaft im Social Web: Der Facebook-Auftritt der Harvard University. Zugriff am 18.12.2012 unter http://smw.hypotheses.org/94

Schirrmacher, F. (2012). Am Medienpranger. Gespräch mit Giovanni di Lorenzo und Katrin Göring-Eckardt. Zugriff am 10.11.2012 unter http://www.zeit.de/2012/22/DOS-Interview-Schirrmacher

Schneebeli, D. (2012). Zürcher Lehrer werden Zielscheiben im Internet. Zugriff am 10.8.2012 unter http://www.tagesanzeiger.ch/ipad/zuerich/Zuercher-Lehrer-werden-zu-Zielscheiben-im-Internet/story/25182454

Schnitzler, K. (2012). »Teenager brauchen das Internet als Pausenhof«. Interview mit Johnny und Tanja Haeusler. Zugriff am 5.12.2012 unter http://www.sueddeutsche.de/leben/1.1515094

Seemann, M. (2011a). Kontrollverlust. Zugriff am 8.6.2012 unter http://www.ctrl-verlust.net/glossar/kontrollverlust/

Seemann, M. (2011b). Vom Kontrollverlust zur Filtersouveränität. In Heinrich-Böll-Stiftung (Hrsg.), #Public_Life. Digitale Intimität, Privatsphäre und das Netz (S. 74–79). Zugriff am 18.12.2012 unter http://www.boell.de/downloads/2011–04-public_life.pdf

Sixtus, M. (2012). Besser ohne Bahnsteigkarte. In Ausschnitt Medienbeobachtung (Hrsg.), Social Media-Guidelines. Leitplanken für die Digitale Kommunikation. Zugriff am 31.12.2012 unter http://ausschnitt.de/socialmediaguidelines

Spitzer, M. (2012). Digitale Demenz. Wie wir uns und unsere Kinder um den Verstand bringen. München: Droemer.

Steiger, M. (2012). Facebook, Twitter, … ohne Radarwarnungen ab 2013. Zugriff am 10.12.2012 unter http://www.steigerlegal.ch/2012/11/14/facebook-twitter-ohne-radarwarnungen-ab-2013/

Süss, D.; Waller, G.; Willemse, I. (2010). JAMES – Jugend, Aktivitäten, Medien – Erhebung Schweiz. Zürich: Zürcher Hochschule für Angewandte Wissenschaften.

te Wildt, B. (2012). Medialisation. Von der Medienabhängigkeit des Menschen. Göttingen: Vandenhoeck & Ruprecht.

Tulodziecki, G.; Herzig, B. (2002). Computer & Internet im Unterricht. Medienpädagogische Grundlagen und Beispiele. Berlin: Cornelsen Scriptor.

Turkle, S. (2011). Alone Together: Why We Expect More from Technology and Less from Each Other. New York: Basic Books.

Turkle, S. (2012). The Flight From Conversation. Zugriff am 3.11.2012 unter http://www.nytimes.com/2012/04/22/opinion/sunday/the-flight-from-conversation.html

UNESCO (2010). Internet Literacy Handbook. Zugriff am 5.1.2013 unter http://www.coe.int/t/dghl/standardsetting/internetliteracy/hbk_en.asp

Wagner, A. C. (2012). UEBERflow. Gestaltungsspielräume für globale Bildung. Dissertation Universität Kassel. Zugriff am 1.1.2013 unter http://edocs.fu-berlin.de/docs/servlets/MCRFileNodeServlet/FUDOCS_derivate_000000002226/DissertationAnjaCWagner.pdf.

Wampfler, P. (2012a). Wie ein Online-Stalker vorgeht. Zugriff am 10.11.2012 unter phwa.ch/cyberstalking

Wampfler, P. (2012b). Schulgespräche mit Expertinnen und Experten vie Twitter. Zugriff am 16.12.2012 unter http://schulesocialmedia.com/2012/12/02/schulgesprache-mit-expertinnen-und-experten-via-twitter/

Wolschner, K. (2012). Lese-Sucht. Über die Gefahren der »Bücherfluth« und die Kritik des Lesens im 18. Jahrhundert. Zugriff am 10.1.2013 unter http://www.medien-gesellschaft.de/html/lese-sucht.html

ZHAW IAM (2012). Vom Hype zum Handwerk. Bernet ZHAW Studie Social Media Schweiz 2012. Zugriff am 19.12.2012 unter http://www.soyouwantachange.com/wp-content/uploads/Bernet_ZHAW_Studie_Social_Media_Schweiz_2012.pdf

Guter Projektunterricht braucht professionelle Lehrer!

V&R

Christine Schumacher /
Felix Rengstorf /
Christina Thomas (Hg.)

Projekt: Unterricht

Projektunterricht und
Professionalisierung
in der Lehrerbildung

2013. Ca. 272 Seiten mit 12 Abb.,
kartoniert. ISBN 978-3-525-70151-5

Auch als E-Book erhältlich:
ISBN 978-3-647-70151-6

Der Band zeigt Umsetzungsmöglichkeiten und Perspektiven innerhalb
der aktuellen Lehrerbildung:

Teil I stellt die Unterrichtsform Projektunterricht sowie deren aktuellen
Stand in der bildungspolitischen Diskussion und der empirischen Bil-
dungsforschung dar. Ein historischer Blick auf die Praxisentwicklung
vertieft das Verständnis für die heutige Situation.

Teil II bietet einen aktuellen Einblick in vorliegende Professionalisie-
rungskonzepte von Projektunterricht in verschiedenen Institutionen.
Es werden innovative Ansätze aus Universität, Referendariat, Fort- und
Weiterbildung vorgestellt.

Teil III beschäftigt sich perspektivisch mit aktuellen Entwicklungen,
offenen Fragen und Zukunftskonzepten des Projektunterrichts in der
Lehreraus- und fortbildung.

Vandenhoeck & Ruprecht